江西官山国家级自然保护区大型真菌图鉴（一）

Atlas of Macrofungi from Guanshan National Nature Reserve, Jiangxi Province (I)

栾丰刚　曹　锐　王国兵　主编

中国农业科学技术出版社

图书在版编目（CIP）数据

江西官山国家级自然保护区大型真菌图鉴. 一 / 栾丰刚，曹锐，王国兵主编. -- 北京 ：中国农业科学技术出版社，2024. 9. -- ISBN 978-7-5116-6987-2

Ⅰ. Q949.320.8-64

中国国家版本馆 CIP 数据核字第 2024YH2889 号

责任编辑 申 艳
责任校对 王 彦
责任印制 姜义伟 王思文

出 版 者 中国农业科学技术出版社
北京市中关村南大街 12 号 邮编：100081
电 话 （010）82103898（编辑室）（010）82106624（发行部）
（010）82109709（读者服务部）
网 址 https://castp.caas.cn
经 销 者 各地新华书店
印 刷 者 北京地大彩印有限公司
开 本 210 mm × 285 mm 1/16
印 张 18.5
字 数 450 千字
版 次 2024 年 9 月第 1 版 2024 年 9 月第 1 次印刷
定 价 230.00 元

序 言

PREFACE

菌物是在由大气圈底部到岩石圈表层及浩渺的水圈大部所组成的生物圈中到处可以寻见的真核生物，对生态平衡及人类的衣食住行和健康具有重要作用。它们是种类数仅次于昆虫的生物类群，有学者估计其种类数高达 150 万甚至 250 万种，因此认识和鉴定它们是重要的科学工作。

在科学发展史中，人们始终在探索菌物世界的奥秘，其中有很多人对菌物中形态万千、色彩丰富的大型真菌意兴盎然，因此不仅真菌爱好者渴求得到一本科学而实用的指南，而且菌物研究人员也需要图文并茂的图谱、图鉴和图志等工具书。大型的图鉴固然重要，但对于局部的大型真菌调查来说，最实用的还是地区性的真菌图鉴。自文艺复兴以来，欧洲部分国家相继出版了一些图鉴，特别是国土面积不大但科学发展较早的西欧和中欧国家，早就陆续出版了本国的大型真菌图谱，这对这些国家菌物的普及和研究起到了重要作用。

我国幅员辽阔，大型真菌种类丰富，但调查起步较晚，以致资源不清，资源保护和科学开发利用较为困难。自 20 世纪 50 年代以来，一些地区性的真菌图鉴渐次出版，成为一些大型图鉴研究和参考的重要基础和补充。随着我国科学和经济的发展，中央和地方政府投入大型真菌调查的经费逐年增加，积累了丰富的调查成果。加速和加大对这些成果的研究，及时整理成册，对于指导真菌的野外快速识别和室内精准鉴定，甚至对地方经济的发展将起到不可或缺的作用。

江西官山国家级自然保护区（简称“官山保护区”）是江西省建立最早的国家级自然保护区之一，具有保护完好的亚热带常绿阔叶林生态系统。官山保护区生物资源丰富，人们对于野生动物及高等植物资源的研究启动较早，但对于大型真菌资源的研究开始较晚。栾丰刚博士等长期从事真菌分类和鉴定研究，功底深厚，在完成资源调查研究后，编写出这本鉴定准确、描述精准、文字简洁、照片精美的图鉴。本书将会成为菌物学工作者，尤其是大型真菌研究人员急需而实用的工具书，为大型真菌资源的保护和科学利用提供重要的指导及直接的借鉴。谨此祝贺其出版，并乐于为之序。

李增智

安徽农业大学教授

2024 年春节于上海

前 言

FORWORD

江西官山国家级自然保护区（简称“官山保护区”）位于赣西北九岭山脉西段，气候温暖湿润，地形复杂，森林茂密，森林植被具有组成成分丰富、群落结构完整、原生性强等特征，是江西北部常绿阔叶林与落叶阔叶林森林生态系统相交错的典型，森林覆盖率达 98.6%。得天独厚的地理条件、复杂的植被类型，孕育了丰富的大型真菌资源。

2004 年 7 月，应官山保护区的邀请，南昌大学生命科学学院何宗智教授带领团队在官山进行了首次大型真菌考察，考察范围为保护区南坡的东河和西河两个保护站，采集标本 300 号，共鉴定出 2 纲 11 目 33 科 132 种大型真菌，为官山大型真菌的研究打下了良好的基础。

为了掌握江西省自然保护区生物多样性本底和动态信息，构建布局合理、体系完善、运行有效的江西省自然保护区生物多样性监测网络体系，构建江西省自然保护区生物多样性数据库，2021 年 1 月，江西省林业局发布了《江西省自然保护区生物多样性监测中长期规划（2021—2035 年）》和《江西省自然保护区生物多样性监测实施方案（2021—2025 年）》，为江西省自然保护区生物多样性监测提供了根本指导。根据规划和方案的要求，按照《江西省自然保护区生物多样性监测技术手册——大型真菌物种本底调查》标准，时隔 17 年，为进一步深入调查研究官山大型真菌资源，2021 年 6 月至 2023 年 9 月，江西农业大学林学院栾丰刚博士团队与官山保护区联合开展了官山大型真菌考察，考察历时共27个月，考察范围遍及整个保护区，涉及东河、西河、青洞、龙门4个保护站。本次考察共采集标本858号，拍摄照片4 000余张，采用经典形态分类与分子生物学相结合的方法，共鉴定出2门6纲18目76科144属251种大型真菌，取得了重要的成果。其中，第一章为大型子囊菌，第二章至第八章为大型担子菌。

本书是官山大型真菌考察成果的重要呈现，包括文字部分和图版部分。文字部分包括中文名、拉丁名、主要的宏观形态特征、经济价值、分布等；图版部分主要展示形态特征和生境。全书图文对照、以文解图、以图释义，力求简明、准确、实用，是一本能翔实地反映官山保护区大型真菌的专著，不仅是官山生物多样性监测的重要成果，也是江西省自然保护区生物多样性监测成果的重要组成部分，可以为科研工作者提供一定的参考，对推进官山保护区的科研、监测、保护等工作的开展，具有十分重要的现实意义。

在官山大型真菌野外考察和本书的编写过程中，编者得到了官山保护区管理局和保护区周边社区乡镇场村等单位领导、各保护站、有关专家和技术人员的大力支持与帮助，在此一并表示诚挚的感谢！也非常感谢参与野外考察和本书编写的所有成员！

由于编者水平有限，本书存在不足之处在所难免，敬请广大读者批评指正。

编　者

2024年1月

目 录

CONTENTS

第一章 大型子囊菌 Larger Ascomycetes / 001

第二章　**胶质菌** Jelly Fungi / 031

第三章　**珊瑚菌** Coral Fungi / 043

第四章 **多孔菌、齿菌、革菌** Polyporoid, Hydnaceous and Thelephoroid Fungi / 049

第五章 鸡油菌 Cantharelloid Fungi / 117

第六章 伞菌 Agarics / 121

第七章 **牛肝菌** Boletes / 237

第八章　腹菌 Gasteriod Fungi / 253

第一章

大型子囊菌

Larger
Ascomycetes

1 黄小孢盘菌
Acervus flavidus (Berk. & M.A. Curtis) Pfister, Occ. Pap. Farlow Herb. Crypt. Bot. 8: 5 (1975)

子囊盘盘状，直径 0.8~1 cm，淡黄色，近无柄；子囊近圆柱形，具 8 个子囊孢子，梅尔泽（Melzer）试剂中不变色，（124~152）μm ×（7.5~10.5）μm；子囊孢子椭圆形，两端钝圆，表面平滑，无色，单胞，具 2 个油滴，（10.5~12.5）μm ×（6~7.5）μm；侧丝线形，宽约 3 μm。

生境：散生于阔叶林地上。

产地：官山国家级自然保护区，采集时间 2023 年 9 月 1 日，凭证标本：G042023090116。

分布：福建省，云南省。

经济价值：不明。

黄小孢盘菌 *Acervus flavidus*

2 球形小孢盘菌

Acervus globulosus Ekanayaka, Q. Zhao & K.D. Hyde, in Ekanayaka, Zhao, Jones, Pu & Hyde, Phytotaxa 283(1): 78 (2016)

子囊盘盘状，直径 13~15 mm，单生或少数几个丛生，无柄，鲜黄色，中间稍凹陷。子囊圆柱形，（72~96）μm ×（5~6）μm；子囊孢子椭圆形，（5~6）μm ×（3~5）μm，在子囊中单行排列。

生境：散生于阔叶林地上。

产地：官山国家级自然保护区，采集时间 2022 年 7 月 8 日，凭证标本：G042022070805。

分布：云南省。

经济价值：不明。

球形小孢盘菌 *Acervus globulosus*

3 污胶鼓菌

Bulgaria inquinans (Pers.) Fr., Systema Mycologicum 2(1): 167 (1822)

子实体无柄或短柄，呈陀螺形，开伞后呈浅杯状，外部黑褐色，有绒毛，干后多皱。子囊盘较小，直径 1.6~2.1 cm，黑褐色，似陀螺状。除子实层面光滑外，其他部分密布簇生短绒毛。子囊近棒状，（35~40）μm ×（3~3.5）μm，内有孢子 4~8 个。孢子卵圆形，近梭形或肾脏形，（10~11.5）μm ×（5.4~7.6）μm。侧丝细长，线形，顶端稍弯曲，浅褐色。

生境：散生于阔叶林倒木上。

产地：官山国家级自然保护区，采集时间 2023 年 5 月 13 日，凭证标本：G042023051332。

分布：广西壮族自治区，福建省，西藏自治区，贵州省，湖南省，湖北省，广东省，云南省，四川省，甘肃省，陕西省，浙江省，内蒙古自治区，青海省，辽宁省，吉林省，黑龙江省，河北省，山西省，河南省。

经济价值：食用菌，药用菌。

污胶鼓菌 *Bulgaria inquinans*

4 叶状耳盘菌

Cordierites frondosus (Kobayasi) Korf, Phytologia 21(4): 203 (1971)

子囊盘 5~10 个，丛生，直立，近有柄，子囊盘小，宽 2~3 cm，呈花瓣状、盘状或浅杯状，边缘波状，上表面近光滑，下表面有皱纹或粗糙，黑褐色至黑色，与木耳类极相似，由多枚叶状瓣片组成，干后墨黑色，脆而坚硬，具短柄或无。子囊细长，呈棒状，（42~45）μm×（3~5）μm，侧丝近无色，细长；子囊孢子无色，平滑，稍弯曲，近短柱状，（5~7）μm×（1~1.3）μm。子实体小并呈浅盘状，黑色，短柄或无柄，常聚生在一起。

生境：生于阔叶树倒木上。

产地：官山国家级自然保护区，采集时间 2022 年 7 月 7 日和 2023 年 3 月 15 日，凭证标本：G042022070722 和 G042023031519。

分布：广西壮族自治区，福建省，陕西省，浙江省，贵州省，湖南省，云南省，黑龙江省，四川省，江西省。

经济价值：毒菌。

叶状耳盘菌 *Cordierites frondosus*

5 扭曲绿散胞盘菌
Chlorencoelia torta (Schwein.) J.R. Dixon, Mycotaxon 1(3): 230 (1975)

子囊盘盘状至浅漏斗状，群生于枯立木基部，中间多凹陷，具柄，直径 8~16 mm，柄长 2~5 mm，子实体污黄色，凹陷处颜色略深。外囊盘被表面具有棒状、顶端钝圆的毛状物。子囊柱棒状，（83~128）μm×（5~7.2）μm，内含子囊孢子 8 个，子囊孢子梭椭圆形，具油滴，（8.5~12.5）μm×（2.5~4.3）μm。

生境：散生于阔叶林腐木上。

产地：官山国家级自然保护区，采集时间 2021 年 6 月 12 日，凭证标本：G042021061230。

分布：西藏自治区，湖北省，云南省，吉林省，黑龙江省，北京市，四川省。

经济价值：不明。

扭曲绿散胞盘菌 *Chlorencoelia torta*

6 蝉花

Cordyceps chanhua Z.Z. Li, F.G. Luan, N.L. Hywel-Jones, C.R. Li, S.L. Zhang, Mycosystema 40(1): 98, 103 (2021)

孢梗束丛生，由蝉幼虫的前端发出，新鲜时白色，高 1.5~6 cm，柄分枝并有粉末状分生孢子；分生孢子长方卵形，两端稍尖，（6~9）μm ×（2~2.5）μm，往往含 2 个油滴。

生境：寄生于阔叶林蝉若虫虫体。

产地：官山国家级自然保护区，采集时间 2022 年 7 月 8 日，凭证标本：G042022070825。

分布：广西壮族自治区，福建省，西藏自治区，海南省，贵州省，广东省，云南省，四川省，安徽省，山东省，浙江省，江苏省，辽宁省，台湾省，宁夏回族自治区，江西省。

经济价值：药用菌。

蝉花 *Cordyceps chanhua*

7 细脚虫草

Cordyceps tenuipes (Peck) Kepler, B. Shrestha & Spatafora, IMA Fungus 8(2): 347 (2017)

有性阶段子座及孢梗束数个从蛹一端发出，蛹长 1.53 cm，子座总长 2.42 cm，可孕部长 1.2~7.3 mm，宽 1.2~2 mm，子座淡黄色至黄色。子囊壳半埋生至近表生，卵形，长 250~400 μm，宽 150~225 μm；子囊线形，长 190~300 μm，宽 4~4.5 μm。

无性阶段孢梗束高 1.7~2.5 cm，白色至淡黄色。菌丝白色，分枝，有分隔，分生孢子梗棍棒状或圆柱形，顶端分枝，分生孢子着生于瓶状小梗上，多个分生孢子链生。分生孢子单胞，无色，椭圆形或肾脏形，大小平均 4.14 μm × 2.05 μm。

生境：寄生于阔叶林昆虫蛹上。

产地：官山国家级自然保护区，采集时间 2022 年 7 月 6 日，凭证标本：G042022070620 和 G042022070622。

分布：江西省，福建省，浙江省，安徽省。

经济价值：药用菌。

细脚虫草 *Cordyceps tenuipes*

8 橙红二头孢盘菌

Dicephalospora rufocornea (Berk. & Broome) Spooner, Bibliotheca Mycologica 116: 272 (1987)

子囊盘浅盘状，具柄，直径 1~5 mm，高 1.5~3 mm，子实层橘黄色、橘红色或者污黄色，干后深橘黄色、淡橘黄色至淡黄色，靠近柄部色淡，柄上部淡黄色、奶油色或白色，基部暗色至黑色。

生境：群生于阔叶林腐木上。

产地：官山国家级自然保护区，采集时间 2022 年 7 月 6 日，凭证标本：G042022070608。

分布：广西壮族自治区，福建省，海南省，贵州省，江西省，重庆市，广东省，云南省，香港特别行政区，安徽省，四川省，陕西省，台湾省，河北省。

经济价值：不明。

橙红二头孢盘菌 *Dicephalospora rufocornea*

9 启迪轮层炭壳

Daldinia childiae J.D. Rogers & Y.M. Ju, in Rogers, Ju, Watling & Whalley, Mycotaxon 72: 512 (1999)

子座球形、凹陷的球形或近球形，无柄、近无柄至有柄，单生或聚生，宽 1~3 cm。子囊孢子（12~14）μm ×（5.5~6.5）μm，近椭圆形，黄褐色至深褐色，光滑。

生境： 散生于阔叶林倒木上。

产地： 官山国家级自然保护区，采集时间 2022 年 7 月 10 日和 2023 年 9 月 1 日，凭证标本：G042022071014 和 G042023090113。

分布： 甘肃省，河北省，北京市，浙江省，广西壮族自治区，西藏自治区，海南省，黑龙江省，湖南省，湖北省，吉林省，江西省。

经济价值： 食用菌。

启迪轮层炭壳 *Daldinia childiae*

10 皱纹马鞍菌

Helvella rugosa Q. Zhao & K.D. Hyde, Fungal Diversity 75: 141 (2015)

子实体直径 1.5~2.5 cm，杯状、盘状至马鞍状，小至大型，内囊盘白色、黄棕色至黑褐色，表面平整或卷曲，边缘向内或向外翻卷，有时延伸至柄，马鞍形，灰白色。菌柄长 3.8~5 cm，粗 0.6~0.7 cm，空心，圆柱形或不规则形，白色至黑褐色；子囊具 8 个子囊孢子，具侧喙、无喙或短喙，（220~260）μm×（13~17）μm。侧丝透明质，顶部膨大至不膨大。子囊孢子透明质，中央包含 1 个大油滴，椭圆形，表面光滑或具疣突，（15~18.5）μm×（9.5~11.5）μm。

生境： 散生于阔叶林地上。

产地： 官山国家级自然保护区，采集时间 2023 年 5 月 13 日，凭证标本：G042023051324。

分布： 云南省。

经济价值： 共生菌（与栎属 *Quercus* sp. 植物共生）。

皱纹马鞍菌 *Helvella rugosa*

11 马鞍菌寄生菌

Hypomyces cervinus Tul. & C. Tul., Select. fung. carpol. (Paris) 3: 51 (1865)

寄生在马鞍菌属 *Helvella* 子实体上，在马鞍菌表面形成白色霉层，粉孢子球形，直径 10~15 μm，表面具刺突；孢子在 5% 氢氧化钾溶液中呈透明至暗金色。菌丝有隔膜，宽 2~5 μm，在 5% 氢氧化钾溶液中呈透明状。

生境： 散生于混交林地上。

产地： 官山国家级自然保护区，采集时间 2022 年 7 月 9 日和 2023 年 7 月 4 日，凭证标本：G042022070905 和 G042023070424。

分布： 湖北省。

经济价值： 菌寄生菌。

马鞍菌寄生菌 *Hypomyces cervinus*

12 银耳状拟赤壳

Nectriopsis tremellicola (Ellis & Everh.) W. Gams, Netherlands Journal of Plant Pathology 88: 69 (1982)

寄生在倒木靴耳属 *Crepidotus* sp. 子实体上。子囊壳卵形，小，直径 100~115 μm，埋生于薄的灰白色、类壳质基质中，在基质上形成连续层，边缘最初为类壳状且松散，但很快光滑且近壳质或几乎消失。子囊圆柱形，约 75 μm × 5 μm。子囊孢子单列，椭圆形，透明，(7~8) μm × 3 μm。

生境：散生于阔叶林倒木上。

产地：官山国家级自然保护区，采集时间 2021 年 6 月 12 日和 2023 年 7 月 1 日，凭证标本：G042021061203 和 G042023070105。

分布：甘肃省。

经济价值：菌寄生菌。

银耳状拟赤壳 *Nectriopsis tremellicola*

13 润滑锤舌菌
Leotia lubrica (Scop.) Pers., Neues Mag. Bot. 1: 97 (1794)

子囊盘直径 0.5~2.4 cm，帽形至扁半球形，表面光滑，有轻微褶皱，黄色至橄榄色；柄长 3~4.4 cm，粗 0.2~0.3 cm，黄色，受损部位会变为深绿色，中空或充满胶状物质；子囊孢子（16~25）μm ×（4~6）μm，狭长椭圆形，平滑且常弯曲。

生境：丛生于阔叶林地上。

产地：官山国家级自然保护区，采集时间 2022 年 7 月 6 日，凭证标本：G042022070607。

分布：广西壮族自治区，湖北省，甘肃省，山东省，西藏自治区，青海省，云南省，台湾省，吉林省，北京市，四川省，江西省。

经济价值：毒菌。

润滑锤舌菌 *Leotia lubrica*

14 发线虫草

Ophiocordyceps crinalis (Ellis ex Lloyd) G.H. Sung, J.M. Sung, Hywel-Jones & Spatafora, Studies in Mycology 57: 41 (2007)

子座从寄主鳞翅目幼虫虫体的各个部位长出，多簇生，分枝或不分枝，棍棒状，质地坚硬，基部到顶端逐渐变细，浅棕色到棕色，顶端呈白色，高 3~9 cm，宽 1~1.5 mm。子囊壳未形成。

生境：单生或多个生于鳞翅目幼虫上。

产地：官山国家级自然保护区，采集时间 2023 年 7 月 4 日，凭证标本：G042023070423。

分布：云南省，贵州省，广东省，湖南省，江西省。

经济价值：昆虫病原真菌。

发线虫草 *Ophiocordyceps crinalis*

15 巨囊帽线虫草

Ophiocordyceps megacuculla Khons., Luangsa-ard, Thanakitp., Kobmoo & Piasai, Mycol. Progr. 18(1-2): 151 (2019)

子座从寄主头部或前胸长出，1~3 个，长 4.5~5.5 cm，黄色至橙黄色。可孕部顶生，球状至卵圆形，顶端有突起，橙黄色。子囊壳斜向埋生于子座可孕部，孔口稍凸出表面，子囊壳倒棍棒状至细长烧瓶状，(600~750) μm × (190~280) μm。子囊透明，圆柱形至头状，(450~630) μm × (5~9) μm。子囊帽圆形，(5~8) μm × (7~10) μm。子囊孢子透明，丝状，多隔膜，(400~530) μm × (1~2) μm。子囊孢子成熟后断裂形成分孢子，透明，桶形至圆柱形，顶端截短，(5~19) μm × (1~2) μm。

生境：寄生于蚂蚁上。

产地：官山国家级自然保护区，采集时间 2023 年 5 月 11 日，凭证标本：G042023051138。

分布：云南省。

经济价值：昆虫病原真菌。

巨囊帽线虫草 *Ophiocordyceps megacuculla*

16 江西线虫草

Ophiocordyceps jiangxiensis (Z.Q. Liang, A.Y. Liu & Yong C. Jiang) G.H. Sung, J.M. Sung, Hywel-Jones & Spatafora, Studies in Mycology 57: 43 (2007)

子座从虫体头部抽出，长 4~8 cm，直径 4~5 mm，簇生或丛生，圆柱形，分枝，淡褐色，外被有绿色粉末状物，无不孕尖端。子囊棒形，(400~450) μm ×（7~7.5）μm。子囊孢子长圆柱形，具多个隔膜，单个细胞大小为（5.5~7）μm ×（1~1.2）μm，不断裂。

生境：寄生于丽叩甲或绿腹丽叩甲的幼虫上。

产地：官山国家级自然保护区，采集时间 2022 年 7 月 8 日，凭证标本：G042022070802 和 G042022070811。

分布：江西省，福建省，贵州省，湖南省。

经济价值：昆虫病原真菌，毒菌。

江西线虫草 *Ophiocordyceps jiangxiensis*

17 下垂线虫草

Ophiocordyceps nutans (Pat.) G.H. Sung, J.M. Sung, Hywel-Jones & Spatafora, Studies in Mycology 57: 45 (2007)

子座从蝽胸部长出，通常不分枝，单生至数个，棒状柄，革质，较硬，长 5~17 cm，直径 0.5~1 mm，具柔韧性；柄下端黑褐色，上端可孕部附近红色至橙色，椭圆形至近球状，(5~12) μm × (1.5~3) mm。子囊壳倾斜埋生，狭梭形，(401~730) μm × (143~285) μm。半球形子囊帽，(4.5~7) μm × (4.9~6.5) μm；子囊柱状，尾部渐细，(303~562) μm × (4~8) μm。

生境：生于半翅目成虫上。

产地：官山国家级自然保护区，采集时间 2022 年 7 月 13 日，凭证标本：G042022071308。

分布：江西省，福建省，贵州省，安徽省，四川省，浙江省，广东省，广西壮族自治区，海南省。

经济价值：昆虫病原真菌，药用菌。

下垂线虫草 *Ophiocordyceps nutans*

18 蜂头线虫草

Ophiocordyceps sphecocephala (Klotzsch ex Berk.) G.H. Sung, J.M. Sung, Hywel-Jones & Spatafora, Studies in Mycology 57: 47 (2007)

子座从寄主黄蜂成虫身体的各个部位长出，单生或多生，不分枝，直立或弯曲生长，细长，革质。可孕部长于子座末端，顶生，圆柱形到锥形，黄色到姜黄色，宽 1.7~2.3 mm。子囊壳埋生，倾斜排列，其尖端孔口在可孕部表面轻微突起，倒梨形或长烧瓶形，(883.9~1 020.4) μm ×(159.6~257.4) μm。子囊透明，圆柱形，中间稍膨大，(234.8~436.2) μm × (3.3~5.6) μm。子囊帽半球形到半椭圆形，中间分隔，高 8.9~13.8 μm，宽 10.3~12.9 μm。子囊孢子丝状，多隔，成熟后可断裂为次生子囊孢子。次生子囊孢子梭形或长椭圆形，(8.9~11.1) μm × (1.4~2.8) μm。

生境：生于膜翅目蜂成虫上。

产地：官山国家级自然保护区，采集时间 2022 年 7 月 8 日和 2023 年 7 月 3 日，凭证标本：G042022070827 和 G042023070322。

分布：贵州省，江西省，云南省，福建省，湖北省，浙江省，广西壮族自治区，海南省。

经济价值：昆虫病原真菌，药用菌。

蜂头线虫草 *Ophiocordyceps sphecocephala*

19 埃里克孔座壳菌

Poronia erici Lohmeyer & Benkert, Zeitschrift für Mykologie 54(1): 95 (1988)

子座整体呈倒圆锥形，几乎无柄或有短柄，浅杯状，顶部圆盘状，直径 1.5~6 mm，外部呈黑褐色，质地粗糙，有时微皱。子实体内有 10~20 个子囊壳，子囊壳球形或亚球形，（500~700）µm ×（450~650）µm，排列在一个平面上，完全埋入基质中，子囊壳孔口凸出子实体，膜质，光滑，淡棕色。子囊孢子椭圆形或狭卵形，淡黄色至深棕色，光滑，（22~33.5）µm ×（12~19.5）µm。

生境：群生于倒木表面。

产地：官山国家级自然保护区，采集时间 2022 年 8 月 29 日，凭证标本：G042022082908。

分布：德国，英国等。

经济价值：腐生菌。

埃里克孔座壳菌 *Poronia erici*

20 红白毛杯菌

Sarcoscypha occidentalis (Schwein.) Sacc., Sylloge Fungorum 8: 154 (1889)

子囊盘直径 3~4.5 cm，子囊盘呈盘状至杯状。菌柄往往上部稍粗，长 0.5~1.5 cm，粗 0.4~0.5 cm。子囊圆柱形，（240~400）μm ×（12~15）μm。子囊孢子 8 个，单行排列，无色，光滑，长椭圆形，（22~30）μm ×（9~12）μm；侧丝线形，上端稍膨大或分枝，宽约 3 μm，有横隔。

生境：散生于阔叶林倒木上。

产地：官山国家级自然保护区，采集时间 2022 年 8 月 30 日和 2023 年 8 月 31 日，凭证标本：G042022083009 和 G042023083113。

分布：甘肃省，陕西省，福建省，西藏自治区，海南省，江西省，云南省，台湾省，吉林省，山西省。

经济价值：木腐菌。

红白毛杯菌 *Sarcoscypha occidentalis*

21 淡紫紫孢菌

Purpureocillium lilacinum (Thom) Luangsa-ard, Houbraken, Hywel-Jones & Samson, FEMS Microbiol. Lett. 321: 144 (2011)

子实体长 4.5 cm，棍棒状，无分支。分生孢子梗轮生，顶端膨大，具有 3~4 个瓶状产孢细胞，长 10~12 μm；分生孢子在瓶状产孢细胞上形成，椭圆形至纺锤形，端部平截，（4.5~6）μm ×（1.5~2.8）μm。

生境：寄主为蝽科昆虫。

产地：官山国家级自然保护区，采集时间 2022 年 7 月 6 日和 2023 年 7 月 1 日，凭证标本：G042022070606 和 G042023070102。

分布：全国分布。

经济价值：昆虫病原真菌。

淡紫紫孢菌 *Purpureocillium lilacinum*

22 高水紫孢霉

Purpureocillium takamizusanense (Kobayasi) S. Ban, Azuma & Hirok. Sato, International Journal of Systematic and Evolutionary Microbiology 65: 2463 (2015)

从蝉成虫体表产生大量淡紫色至紫色的菌丝和孢梗束，孢梗束顶部头状。瓶梗单生或2~3个一轮附生于分生孢子梗上，(8.5~13.5) μm×(2~3) μm，具有瓶状基底，向上逐渐变细形成一个独特的颈部，宽约1 μm。无厚垣孢子。分生孢子呈链状，单胞，淡紫色至紫色，壁光滑且透明，近球形到椭圆形，(2.5~4) μm×(2~3) μm。

生境：寄主为蝉成虫。

产地：官山国家级自然保护区，采集时间2023年9月1日，凭证标本：G042023090118。

分布：我国南方各地。

经济价值：昆虫病原真菌。

高水紫孢霉 *Purpureocillium takamizusanense*

23 核盘菌

Sclerotinia sclerotiorum (Lib.) de Bary, Vergleichende Morphologie und Biologie der Pilze Mycetozoen und Bacterien: 56 (1884)

子囊盘小，呈小杯状，浅肉色至褐色，单个或几个从菌核上生出，直径 0.5~1 cm，柄褐色细长，弯曲，长 3~5 cm，向下渐细，与菌核相连。菌核形状多样，长 3~15 μm。子囊圆柱形，（120~140）μm × 11 μm，子囊孢子通常 8 个，单行排列，椭圆形，（8~14）μm ×（4~8）μm，侧丝细长，线形，无色，顶部较粗。菌丝透明、有隔、分枝和多核。菌丝体在培养物和植物中可能呈白色至棕褐色。不产生无性分生孢子。

生境：单生于阔叶林地上。

产地：官山国家级自然保护区，采集时间 2023 年 3 月 15 日，凭证标本：G042023031521。

分布：福建省，西藏自治区，广东省，湖南省，湖北省，香港特别行政区，安徽省，四川省，新疆维吾尔自治区，江苏省，吉林省，宁夏回族自治区，河南省，河北省，广西壮族自治区，江西省，云南省，北京市，甘肃省，陕西省，山东省，内蒙古自治区，青海省，辽宁省，黑龙江省，山西省。

经济价值：植物病原菌。

核盘菌 *Sclerotinia sclerotiorum*

24 红毛盾盘菌

Scutellinia scutellata (L.) Lambotte, Mémoires de la Société Royale des Sciences de Liège, Sér. 2 14(7): 299 (1887)

子囊盘小，直径 0.2~1 cm，红色，边缘有 1 圈褐色毛，扁平呈盾状，子实层面鲜红色或橘红色，平滑，干时褪色。边缘突起有粟褐色毛，周边毛长达 2 mm，硬直，顶端尖，分隔，厚壁。子囊圆柱形，（190~200）μm ×（18~25）μm，孢子单行排列。孢子椭圆形至宽椭圆形，（14~20）μm ×（10~15）μm，初期光滑，成熟后具小疣。侧丝线形，无分隔，无色，顶端膨大，7~9 μm。

生境： 群生于阔叶林腐木上。

产地： 官山国家级自然保护区，采集时间 2022 年 7 月 12 日，凭证标本：G042022071208。

分布： 江西省，广西壮族自治区，福建省，西藏自治区，海南省，贵州省，湖北省，广东省，云南省，安徽省，四川省，甘肃省，陕西省，山东省，新疆维吾尔自治区，浙江省，江苏省，内蒙古自治区，青海省，吉林省，黑龙江省，宁夏回族自治区，河南省，河北省，山西省。

经济价值： 食用菌。

红毛盾盘菌 *Scutellinia scutellata*

25 短孢钩状木霉

Trichoderma strictipile Bissett, Canad. J. Bot. 69(11): 2410 (1992)

菌落长可达 3 cm，宽可达 1.7 cm，中央深绿色，周围具有白色气生菌丝。分生孢子梗主轴直或弯曲，分生孢子梗具有不对称分枝，初级分枝基部直径 7~9 μm，向上迅速变窄，上部直径大多为 4~5 μm；末端分枝或产孢细胞直或弯曲，直径 2.5~4.5 μm；分生孢子暗绿色，椭圆形，较少见的圆柱形或卵圆形，表面光滑，着生在分生孢子梗顶端，（4~23）μm ×（2.5~4.5）μm。

生境： 平伏于阔叶林倒木上。

产地： 官山国家级自然保护区，采集时间 2023 年 8 月 31 日，凭证标本：G042023083131。

分布： 全国各地。

经济价值： 具生物防治潜能。

短孢钩状木霉 *Trichoderma strictipile*

26 窄孢胶陀盘菌

Trichaleurina tenuispora M. Carbone, Yei Z. Wang & C.L. Huang, Ascomycete 5(5): 149 (2013)

子囊果陀螺状或鼓状，顶部盘面直径 5~10 cm，高 4~8 cm，子实层面幼时灰黄色，后渐渐呈褐色或深褐色，成熟时黑褐色，平展或有龟裂；子囊圆柱状，（410~520）μm×（15~18）μm，内含 8 个单行排列的子囊孢子，顶部棒状。子囊孢子无色，（25~35）μm×（9~12）μm，长椭圆形，两端稍锐，表面有小的疣状突起。

生境：单生于阔叶林枯枝上。

产地：官山国家级自然保护区，采集时间 2023 年 5 月 11 日，凭证标本：G042023051105。

分布：海南省，甘肃省，湖北省，江西省，广东省，浙江省，贵州省，山西省，陕西省。

经济价值：毒菌。

窄孢胶陀盘菌 *Trichaleurina tenuispora*

27 条纹炭角菌

Xylaria grammica (Mont.) Mont., Annales des Sciences Naturelles Botanique sér. 4, 3: 108 (1855)

子座多单根，或有时仅上部分枝，高 2~12 cm，粗 0.35~1 cm。柄长 1~5 cm，粗 0.2~0.5 cm，灰黑色至黑色。子囊壳埋生，椭圆形，孔口外凸，（600~900）μm ×（450~700）μm。子囊圆柱形，内含子囊孢子 8 个。子囊孢子长椭圆形，（10~13）μm ×（3.5~5）μm。

生境：群生于阔叶林腐木上。

产地：官山国家级自然保护区，采集时间 2022 年 8 月 29 日，凭证标本：G042022082913。

分布：广西壮族自治区，西藏自治区，海南省，贵州省，广东省，云南省，宁夏回族自治区，江西省。

经济价值：木腐菌。

条纹炭角菌
Xylaria grammica

28 粗炭角菌

Xylaria palmicola G. Winter, Grevillea 15(75): 89 (1887)

子座直径 6.5 cm，褐色。子囊柱状并有延生的柄，内含子囊孢子 8 个，(135~150) μm × (9~10.5) μm。子囊孢子单胞，椭圆形，(13.5~18.5) μm × (6~8.5) μm，平均 15.7 μm × 7.2 μm。

生境： 群生于阔叶林腐木上。

产地： 官山国家级自然保护区，采集时间 2022 年 7 月 10 日和 2023 年 5 月 12 日，凭证标本：G042022071030 和 G042023051204。

分布： 四川省，贵州省，云南省，江西省。

经济价值： 木腐菌。

粗炭角菌
Xylaria palmicola

29 多形炭角菌

Xylaria polymorpha (Pers.) Grev., Flora Edinensis: 355 (1824)

子座棕色至黑色，不黏，边缘无条纹。菌管管口角形，管面棕色。干燥时质地较硬，表皮皱，黑褐色，内部肉色，柄部较细。子座单生或多数成束着生，形状不一。高 2~3.5 cm，粗 0.2~2 cm。具柄或无柄，直径 0.2~0.3 cm。子座头部近圆形至椭圆形或线形，表面褐色至黑色，粗糙，炭质内部白色充实，木质。子囊（150~200）μm×（8~10）μm，圆筒形，有长柄。子囊孢子黑褐色，不规则梭形，（25~28）μm×（7~8）μm。

生境：群生于阔叶林腐木上。

产地：官山国家级自然保护区，采集时间 2022 年 8 月 28 日，凭证标本：G042022082805。

分布：北京市，河北省，江苏省，浙江省，江西省，福建省，河南省，广东省，广西壮族自治区，四川省，云南省，安徽省，西藏自治区，甘肃省，海南省，台湾省，贵州省。

经济价值：木腐菌。

多形炭角菌 *Xylaria polymorpha*

第二章

胶质菌

Jelly Fungi

30 黑木耳

Auricularia auricula-judae (Bull.) Quél., Enchir. fung. (Paris): 207 (1886)

子实体呈叶状或耳状，边缘波状，薄，宽 2~6 cm，厚约 2 mm，以侧生的短柄或狭细的基部固着于基质上。初期为柔软的胶质，黏而富弹性，以后稍带软骨质，干后强烈收缩，变为黑色硬而脆的角质至近革质。背面外沿呈弧形，紫褐色至暗青灰色，疏生短绒毛。担子圆柱形，（65~85）μm ×（4~5.5）μm。担孢子香肠状，（15~22）μm ×（5~7）μm。

生境：散生于阔叶林腐木上。

产地：官山国家级自然保护区，采集时间 2022 年 7 月 6 日，凭证标本：G042022070650。

分布：江西省，福建省，西藏自治区，贵州省，上海市，湖南省，广东省，湖北省，香港特别行政区，安徽省，四川省，新疆维吾尔自治区，江苏省，吉林省，宁夏回族自治区，河北省，河南省，广西壮族自治区，海南省，重庆市，云南省，北京市，甘肃省，陕西省，山东省，浙江省，内蒙古自治区，青海省，辽宁省，天津市，台湾省，黑龙江省，山西省。

经济价值：食用菌。

黑木耳
Auricularia auricula-judae

31 毛木耳

Auricularia nigricans (Sw.) Birkebak, Looney & Sánchez-García, North American Fungi 8(6): 12 (2013)

子实体一年生，新鲜时呈杯状、碟状或耳壳状，较厚，通常群生，有时单生，棕褐色至黑褐色，胶质，具弹性，质地稍硬，中部凹陷，边缘锐且通常上卷，直径可达 15 cm，厚 0.5~1.5 mm，背面中部常收缩成短柄状，与基质相连；干后收缩变硬，角质，进水后可恢复成新鲜时形态及质地；子实层在内侧，相对平滑，幼嫩时紫灰色，后期变成黑色，外侧有无色绒毛。担子柱状，具 3 个隔膜，（52~73）μm ×（3.2~6.5）μm。担孢子（11.3~14.2）μm ×（4.4~6.5）μm，腊肠形，无色，薄壁，平滑，通常具一到数个液泡。

生境：群生于阔叶林枯立木上。

产地：官山国家级自然保护区，采集时间 2022 年 7 月 8 日和 2023 年 7 月 4 日，凭证标本：G042022070869 和 G042023070425。

分布：江西省，福建省，西藏自治区，贵州省，上海市，湖南省，湖北省，广东省，澳门特别行政区，香港特别行政区，四川省，安徽省，新疆维吾尔自治区，江苏省，吉林省，河南省，河北省，广西壮族自治区，海南省，重庆市，云南省，北京市，甘肃省，陕西省，山东省，浙江省，内蒙古自治区，青海省，天津市，辽宁省，台湾省，黑龙江省，山西省。

经济价值：食用菌，药用菌。

毛木耳 *Auricularia nigricans*

32 角质木耳

Auricularia cornea Ehrenb., Horae Physicae Berolinenses: 91, t. 19:9 (1820)

子实体胶质，多数丛生，罕单生，杯状至耳状，下表面有细脉，无柄至有短柄，新鲜时红色至褐色，干时黄至褐色或暗绿色，直径达 15 cm，厚 0.8~1.2 mm。担子棍棒状，（45~55）μm ×（4~5）μm。孢子腊肠形，（13~16）μm ×（5~6）μm。

生境：丛生于阔叶林腐木上。

产地：官山国家级自然保护区，采集时间 2023 年 3 月 15 日，凭证标本：G042023031509。

分布：江西省，福建省，海南省，重庆市，湖北省，辽宁省，台湾省，吉林省，北京市，河北省，河南省。

经济价值：食用菌。

角质木耳
Auricularia cornea

33 胶角耳

Calocera cornea (Batsch) Fr., Stirpes Agri Femsionensis. 5: 67 (1827)

子实体圆柱形，顶端圆形或尖形，偶尔在顶端形成浅分叉，高可达 18 mm，粗可达 2 mm；表面光滑，橙色至橙黄色，成熟后变成橙棕色；果肉胶状，坚硬；基部有白色菌丝。孢子印白色，担孢子肾形，薄壁，具 0~1 个隔膜，（7~10）μm ×（3~4）μm。担子“Y”形，（25~40）μm ×（2~4）μm。

生境： 群生于混交林腐木上。

产地： 官山国家级自然保护区，采集时间 2023 年 3 月 16 日和 2023 年 5 月 10 日，凭证标本：G042023031604 和 G042023051008。

分布： 江西省，福建省，西藏自治区，贵州省，湖北省，广东省，湖南省，香港特别行政区，四川省，吉林省，河北省，河南省，广西壮族自治区，海南省，重庆市，云南省，北京市，甘肃省，陕西省，山东省，浙江省，内蒙古自治区，黑龙江省，山西省。

经济价值： 食用菌，木腐菌。

胶角耳 *Calocera cornea*

34 红紫花耳

Dacrymyces puniceus Kobayasi, Science Reports of the Tokyo Bunrika Daigaku 4: 121 (1939)

子实体脑状至鼻甲状，无柄或具柄，具皱纹至卷曲半球状菌盖，胶状，高 5~10 mm，直径 10~20 mm。担子圆柱形至棍棒状，淡黄色，（55~65）μm × 7 μm。担孢子圆柱形，直或弯曲，基部有尖，薄壁，淡黄色，（18~23）μm ×（7~8）μm。

生境：散生于阔叶林倒木上。

产地：官山国家级自然保护区，采集时间 2022 年 8 月 30 日和 2023 年 8 月 31 日，凭证标本：G042022083008 和 G042023083120。

分布：云南省。

经济价值：木腐菌。

红紫花耳 *Dacrymyces puniceus*

35 大链担耳

Sirobasidium magnum Boedijn, Bull. Jard. Bot. Buitenzorg 13(2): 266-268 (1934)

子实体呈胶状，有浅裂和折叠，橙棕色，群生，直径可达 45 mm。担子椭圆形至纺锤形，有 2~4 个隔膜，（15~19）μm ×（4~5）μm；担子呈链状（形成链状），每条链中最多有 8 个担子。担孢子呈球形，直径 7~9 μm。

生境：单生于阔叶林腐木上。

产地：官山国家级自然保护区，采集时间 2022 年 7 月 7 日，凭证标本：G042022070733。

分布：江西省，湖北省，安徽省，贵州省，广西壮族自治区，广东省，福建省，云南省。

经济价值：不明。

大链担耳 *Sirobasidium magnum*

36 脑形银耳

Tremella cerebriformis Chee J. Chen, Bibliotheca Mycologica 174: 22 (1998)

子实体脑状，透明，软胶质，直径 2 cm，橙色，平伏生于基质。担子近球形至椭圆形，具 4 个孢子小梗，（31~40）μm×（30~40）μm。担孢子球形至近球形，光滑，透明，（17~25）μm×（18~24）μm。

生境：单生于混交林腐木上。

产地：官山国家级自然保护区，采集时间 2023 年 3 月 16 日和 2023 年 7 月 2 日，凭证标本：G042023031614 和 G042023070204。

分布：江西省，广西壮族自治区，山西省，福建省，湖南省，贵州省。

经济价值：木腐菌。

脑形银耳 *Tremella cerebriformis*

37 黄色银耳

Tremella flava Chee J. Chen, Biblioth. Mycol. 174: 57 (1998)

子实体呈凝胶状，亮黄色，直径 0.7~1 cm，具角状（或叶状）分枝。担子椭圆形，具 2 个或 4 个孢子小梗，（14~17）μm ×（11~13）μm。担孢子球形至椭圆形，光滑，（8.5~9.5）μm ×（7.5~8.5）μm。

生境：单生于混交林倒木上。

产地：官山国家级自然保护区，采集时间 2023 年 5 月 11 日，凭证标本：G042023051121。

分布：贵州省，云南省，湖北省，吉林省。

经济价值：木腐菌。

黄色银耳 *Tremella flava*

38 银耳

Tremella fuciformis Berk., Hooker's J. Bot. Kew Gard. Misc. 8: 277 (1856)

子实体凝胶状，新鲜时水白色，半透明，直径可达 7 cm；子实体由薄而直的叶状分枝组成，表面光滑且具有光泽，边缘较脆。担子椭圆形，具隔膜，具 4 个孢子小梗，（11~15.5）μm ×（8~13.5）μm。孢子印白色，担孢子呈椭圆形或卵形，光滑，（5~8.5）μm ×（4~6）μm。

生境：散生于阔叶林腐木上。

产地：官山国家级自然保护区，采集时间 2023 年 5 月 10 日，凭证标本：G042023051001。

分布：江西省，广西壮族自治区，福建省，西藏自治区，贵州省，湖北省，湖南省，广东省，云南省，四川省，安徽省，陕西省，浙江省，江苏省，台湾省，河南省，山西省。

经济价值：食用菌，药用菌。

银耳 *Tremella fuciformis*

39 橙银耳

Tremella samoensis Lloyd, Mycological Writings 6(60): 875 (1919)

子实体胶状，较硬，鲜红色、橙色或黄色，直径可达 5 cm，具角状或叶状分枝。担子椭圆形，具 4 个孢子小梗，（12~18）μm ×（8~12）μm。担孢子呈椭圆形，光滑，（6~8）μm ×（4~6）μm。

生境：生于阔叶林倒木上。

产地：官山国家级自然保护区，采集时间 2022 年 8 月 30 日，凭证标本：G042022083011。

分布：江西省，广西壮族自治区，福建省，西藏自治区，海南省，贵州省，广东省，湖南省，云南省，安徽省，四川省，浙江省，吉林省，山西省。

经济价值：药用菌。

橙银耳 *Tremella samoensis*

第三章

珊瑚菌

Coral Fungi

40 杯密瑚菌

Artomyces pyxidatus (Pers.) Jülich, Bibliotheca Mycologica 85: 399 (1982)

子实体高 4~13 cm，宽 2~10 cm，具重复分枝。分枝粗 1~5 mm，表面光滑，浅棕色至粉红色，顶端有凹陷和 3~6 个细小枝状末端。分枝基部白色、粉色至棕色，粗不超过 0.8 cm。菌肉白色，柔韧。担子棒状，具 4 个孢子小梗。孢子印白色，担孢子椭圆形，（4~5）μm ×（2~3）μm，无色。

生境：丛生于阔叶林倒木上。

产地：官山国家级自然保护区，采集时间 2023 年 8 月 30 日，凭证标本：G042023083014。

分布：陕西省，山东省，云南省，辽宁省，吉林省，四川省，河南省。

经济价值：药用菌。

杯密瑚菌
Artomyces pyxidatus

41 繁枝锁瑚菌

Clavulina perplexa E. Campo, Franchi & M. Marchetti, Riv. Micol. 66(1): 86 (2023)

子实体高 3~4 cm，珊瑚状，多分枝，白色，不黏，枝顶端有丛枝状密集细尖的小枝。菌肉白色。担子圆柱形，（30~50）μm ×（6~9）μm，具 2 个孢子小梗。担孢子（7.2~9.6）μm ×（5.5~7.5）μm，椭圆形，顶端具明显的突起，有大液滴。

生境： 群生于阔叶林地上。

产地： 官山国家级自然保护区，采集时间 2022 年 7 月 7 日，凭证标本：G042022070710。

分布： 意大利。

经济价值： 不明。

繁枝锁瑚菌 *Clavulina perplexa*

42 双孢拟锁瑚菌

Clavulinopsis bispora P. Zhang & Jun Yan, J. Fungi 9(6, no. 656): 8 (2023)

子实体橙红色，圆柱形，多有扭曲和纵向凹陷，脆骨质，空心，高 25~45 mm，散生，不孕部明显变窄，5~7 mm，棕色。担子具 4 个孢子小梗，棍棒形至圆柱形，长 4~8.5 μm。担孢子无色，透明，表面光滑，具明显的突起，（5.5~7.5）μm ×（4~5）μm。

生境：单生于阔叶林枯枝上。

产地：官山国家级自然保护区，采集时间 2023 年 5 月 13 日，凭证标本：G042023051321。

分布：海南省，吉林省。

经济价值：不明。

双孢拟锁瑚菌
Clavulinopsis bispora

43 银朱拟锁瑚菌

Clavulinopsis sulcata Overeem, Bulletin du Jardin Botanique de Buitenzorg 5: 279 (1923)

子实体较纤细，高达 12 cm，粗 0.2~0.4 cm，多扭曲变扁，宽 0.5~0.7 cm，浅肉色或深蛋壳色，不分枝，偶有短分枝，梭形，顶端尖锐，有纵棱或皱纹，内部渐变空。柄短而不明显，色浅，基部近白色。担子棍棒状，具 2~4 个孢子小梗，（40~80.8）μm ×（6.5~9）μm。担孢子无色，光滑，球形或近球形，具明显的突起，（5.5~7）μm ×（5.5~6.5）μm。

生境：群生于阔叶林地上。

产地：官山国家级自然保护区，采集时间 2022 年 7 月 8 日，凭证标本：G042022070814。

分布：四川省，湖南省，贵州省，广西壮族自治区，湖北省，云南省，西藏自治区。

经济价值：食用菌。

银朱拟锁瑚菌 *Clavulinopsis sulcata*

44 中华丽烛衣

Sulzbacheromyces sinensis (R.H. Petersen & M. Zang) D. Liu & Li S. Wang, Mycologia 109(5): 740 (2018)

子实体小型，棒状，高 1.2~4.6 cm，粗 0.1~0.2 cm，赭橙色至鲑鱼橙色，子实体通常单一，不分枝，顶端近尖或略钝。菌肉蜡质，质地较脆。菌柄分界不明显。担子（13~50）μm ×（2.5~8）μm，棒状，透明，具 4 个孢子小梗。担孢子（6~12）μm ×（3.9~7.3）μm，椭圆形，薄壁，光滑。

生境：散生于阔叶林苔藓上。

产地：官山国家级自然保护区，采集时间 2023 年 8 月 30 日，凭证标本：G042023083011。

分布：江西省，浙江省，云南省，海南省，福建省，台湾省。

经济价值：不明。

中华丽烛衣
Sulzbacheromyces sinensis

第四章

多孔菌、齿菌、革菌

Polyporoid, Hydnaceous and Thelephoroid Fungi

45 苹果褐伏孔菌

Brunneoporus malicola (Berk. & M.A. Curtis) Audet, Mushrooms nomenclatural novelties 2: 1 (2017)

子实体无柄，长 4 cm，宽 2.2 cm，土黄色。菌孔表面奶油色至棕色，菌孔圆形至角形，1~3 个/mm^2，深 3~8 mm。担子柱状，稍弯曲，具 2~4 个孢子小梗，(15~25) μm × (4.5~7) μm。担孢子长圆形至近圆柱形，光滑，透明，(6~9) μm × (3~4) μm。

生境：平伏于阔叶林枯枝上。

产地：官山国家级自然保护区，采集时间 2023 年 8 月 31 日，凭证标本：G042023083153。

分布：江西省，云南省，山东省，山西省，浙江省，陕西省，湖北省。

经济价值：褐腐菌，食用菌。

苹果褐伏孔菌 *Brunneoporus malicola*

46 日本奶酪孔菌

Butyrea japonica (Núñez & Ryvarden) Miettinen & Ryvarden, Annales Botanici Fennici 53: 161 (2016)

子实体一年生，淡黄色，平伏生，6 cm × 20 cm，厚不到 3 mm，菌孔表面白色至淡黄色，菌孔圆形至角形，6~8 个/mm^2，菌管深 1~2 mm。担子棒状，具 4 个孢子小梗，（15~22）μm ×（4~5.5）μm。担孢子圆柱形，薄壁，透明，（4~5）μm ×（1.7~2.3）μm。

生境：平伏贴生于枯枝上。

产地：官山国家级自然保护区，采集时间 2021 年 6 月 12 日，凭证标本：G042021061239。

分布：云南省，福建省，浙江省。

经济价值：白腐菌。

日本奶酪孔菌 *Butyrea japonica*

47 革质絮干朽菌

Byssomerulius corium (Pers.) Parmasto, Eesti NSV Teaduste Akadeemia Toimetised 16: 383 (1967)

子实体一年生，平伏反卷，贴生，革质。菌盖窄半圆形，外伸可达 0.5 cm，宽可达 2 cm，厚可达 0.6 cm，上表面新鲜时奶油色至浅黄色，具同心环区；边缘白色，子实体表面浅黄色，网纹状；不孕部边缘白色；下表面白色至奶油白色。菌肉奶油色，软革质，厚可达 0.5 cm。担子棍棒状，（25~37）μm ×（4~5）μm。担孢子圆柱形，无色，薄壁，光滑，（4.5~7.5）μm ×（2.5~4）μm。

生境：平伏贴生于倒木上。

产地：官山国家级自然保护区，采集时间 2021 年 6 月 12 日，凭证标本：G042021061218。

分布：江西省，广西壮族自治区，甘肃省，陕西省，海南省，广东省，辽宁省，吉林省，北京市，宁夏回族自治区，河北省，山西省。

经济价值：白腐菌，食用菌。

革质絮干朽菌 *Byssomerulius corium*

48 反卷拟蜡孔菌

Ceriporiopsis semisupina C.L. Zhao, B.K. Cui & Y.C. Dai, Phytotaxa 164: 23 (2014)

担子果一年生，平伏至平伏反卷，新鲜时较软，无臭无味，干后变硬；平伏担子果长可达 6 cm，宽可达 4 cm，厚约 3 mm；反卷菌盖半圆形至扇形，长可达 1.5 cm，宽可达 0.6 cm，厚约 2 mm。菌盖表面浅黄色，无毛，边缘纯。菌管管口颜色同表面。菌肉浅黄色，薄。菌管浅褐色，深 2.5 mm。担子长棒状，具 4 个孢子小梗，(26~32) μm × (5.5~8) μm。担孢子椭圆形，无色，薄壁，(4~4.8) μm × (3~3.5) μm。

生境：叠生于阔叶林腐木上。

产地：官山国家级自然保护区，采集时间 2022 年 7 月 13 日，凭证标本：G042022071311。

分布：云南省，海南省，山西省，浙江省等。

经济价值：不明。

反卷拟蜡孔菌 *Ceriporiopsis semisupina*

49 环带下皮黑孔菌

Cerrena zonata (Berk.) H.S. Yuan, Mycol. Progr. 13(2): 363 (2013)

子实体革质，无柄，伸出基质 1.5~2 cm，上表面光滑，具放射状条纹，浅黄色至赭色，不黏，扇形，边缘无条纹。毛孔表面白色至浅黄色，具不规则或扁平或板状的迷宫状菌齿。孢子印白色，担孢子广椭圆形，无色，薄壁，平滑，（4.4~6）μm×（3~4）μm。

生境：群生于混交林腐木上。

产地：官山国家级自然保护区，采集时间 2023 年 3 月 16 日，凭证标本：G042023031613。

分布：江西省，河南省，广西壮族自治区，安徽省，浙江省，贵州省，海南省，湖北省，湖南省，江苏省，四川省，云南省。

经济价值：白腐菌，药用菌。

环带下皮黑孔菌 *Cerrena zonata*

50 厚集毛菌

Coltricia crassa Y.C. Dai, Fungal Diversity 45: 140 (2010)

菌盖直径 8.4 cm，深褐色，不黏，漏斗形，边缘无条纹，有绒毛。菌管管口多角形，管面棕色，1~2 个/mm^2。菌柄长 3 cm，粗 0.8 cm，深褐色，圆柱形，革质，实心。担孢子椭圆形，黄色，（9~12）μm ×（5.9~7）μm。

生境：单生于阔叶林地上。

产地：官山国家级自然保护区，采集时间 2022 年 7 月 6 日和 2022 年 7 月 8 日，凭证标本：G042022070646 和 G042022070821。

分布：江西省，云南省，海南省，贵州省，甘肃省，四川省，湖南省，青海省，西藏自治区。

经济价值：不明。

厚集毛菌 *Coltricia crassa*

51 魏氏集毛菌

Coltricia weii Y.C. Dai, Sydowia 62(1): 16 (2010)

子实体一年生，直径 1.35 cm，漏斗状，锈棕色，中央深红棕色，表面干燥，有绒毛，具明显的同心区。菌孔圆形至角形，3~4 个/mm^2，管口褐色。菌柄中生，长 1.95 cm，粗 0.15 cm，黑色，圆柱形，纤维质，实心。菌柄上的孔稍下延。担子桶形，具 4 个孢子小梗，（17~23）μm ×（7~8）μm。担孢子宽椭圆形，淡黄色，（5.5~7.5）μm ×（4~5.5）μm。

生境：单生于阔叶林地上。

产地：官山国家级自然保护区，采集时间 2022 年 7 月 6 日，凭证标本：G042022070612。

分布：云南省，海南省，广东省。

经济价值：不明。

魏氏集毛菌 *Coltricia weii*

52 亚毛盖灰蓝孔菌

Cyanosporus subhirsutus B.K. Cui, L.L. Shen & Y.C. Dai, in Shen, Wang, Zhou, Xing, Cui & Dai, Persoonia 42: 116 (2018)

担子果一年生，单生，幼嫩时肉质，之后变为革质，菌盖半圆形至近扇形，外伸 4 cm，宽 6 cm，基部厚 0.8 cm。菌盖表面浅灰色，边缘尖锐并内卷。菌孔角形，表面浅灰色，2~3 个/mm^2。担子棒状，具 4 个孢子小梗，(10~12) μm × (4~6) μm。担孢子棒状，无色，光滑，(4~4.5) μm × (0.9~1.3) μm。

生境： 散生于阔叶林腐木上。

产地： 官山国家级自然保护区，采集时间 2022 年 7 月 11 日，凭证标本：G042022071108。

分布： 贵州省，福建省，云南省。

经济价值： 白腐菌。

亚毛盖灰蓝孔菌 *Cyanosporus subhirsutus*

53 裂拟迷孔菌

Daedaleopsis confragosa (Bolton) J. Schröt., Kryptogamen-Flora von Schlesien (Breslau) 3.1(25-32): 492 (1888)

子实体小至中型，一年生，半圆形或近扇形，扁平至垫状，无柄，木栓质。菌盖长 2.5~12 cm，宽 2~7 cm，厚 0.5~2 cm，表面干燥，具细毛，淡灰色至棕色或红棕色，具同心环纹和放射状纵条纹。菌肉白色至浅褐色。菌孔白色，管状至迷宫状，1.5~2 个/mm^2，受伤后微红色至橙红色。孢子印白色，担孢子椭圆形至近圆柱形，（7~11）μm ×（2~3）μm。

生境：群生于阔叶林腐木上。

产地：官山国家级自然保护区，采集时间 2021 年 6 月 12 日，凭证标本：G042021061285。

分布：江西省，广西壮族自治区，福建省，湖南省，广东省，云南省，北京市，安徽省，甘肃省，陕西省，新疆维吾尔自治区，江苏省，内蒙古自治区，辽宁省，吉林省，黑龙江省，河南省，山西省。

经济价值：食用菌。

裂拟迷孔菌 *Daedaleopsis confragosa*

54 雪白树状皮革菌

Dendrothele nivosa (Berk. & M.A. Curtis ex Höhn. & Litsch.) P.A. Lemke, Persoonia 3(3): 367 (1965)

子实体白色，表面光滑，具明显的龟裂，边缘贴生。囊状体圆柱形至棍棒状，(30~40) μm × (8~15) μm。担子棒状至圆柱形，(80~100) μm × (15~20) μm，具 4 个孢子小梗。担孢子宽椭圆形至卵形，(18~22) μm × (14~16) μm，薄壁，具刺状突起，顶端不明显。

生境： 平伏贴身生于倒木枯枝上。

产地： 官山国家级自然保护区，采集时间 2021 年 6 月 12 日，凭证标本：G042021061216。

分布： 浙江省，江苏省，湖南省，四川省，河南省。

经济价值： 木腐菌。

雪白树状皮革菌 *Dendrothele nivosa*

55 匙形双叉侧柄菌

Dichopleuropus spathulatus D.A. Reid, Beihefte zur Nova Hedwigia 18: 329 (1965)

子实体一年生，单生或数个丛生，着生于同一个基部，新鲜时没有气味，干燥时变脆，革质。表面赭色，边缘白色。子实体下表面覆盖着棕色的线状静脉，边缘较浅。赭色至浅棕色，脊状，角质，有时裂纹。担子棒状，具 4 个孢子小梗，菌丝状，宽 7~8 μm。担孢子宽椭球形，具明显的尖突，透明，薄壁，光滑，（8.5~11）μm ×（6~7）μm。

生境：叠生于阔叶林地上。

产地：官山国家级自然保护区，采集时间 2022 年 7 月 8 日，凭证标本：G042022070833。

分布：云南省。

经济价值：不明。

匙形双叉侧柄菌 *Dichopleuropus spathulatus*

56 细长棘刚毛菌

Echinochaete russiceps (Berk. & Broome) D.A. Reid, Kew Bulletin 17 (2): 285 (1963)

子实体一年生，菌柄侧生，菌盖黄棕色至深棕色，扇形至近圆形，扁平至凸形，直径 4.5~8 cm，表面有细绒毛状物，边缘平展至稍内卷。菌柄短，0.5~1.2 cm，棕色至深棕色，革质。菌孔较小，圆形至不规则形，表面黄棕色至红棕色，3~6 个/mm^2。担子宽棍棒状，(17~30) μm × (7~10) μm，具有 4 个孢子小梗。担孢子圆柱形，透明，(8~12) μm × (3~5) μm。

生境：群生于阔叶林腐木上。

产地：官山国家级自然保护区，采集时间 2022 年 7 月 6 日和 2022 年 8 月 29 日，凭证标本：G042022070656 和 G042022082920。

分布：辽宁省，甘肃省，广东省。

经济价值：不明。

细长棘刚毛菌 *Echinochaete russiceps*

57 薄盘革耳

Eichleriella tenuicula (Lév.) Spirin & Malysheva, Fungal Biology 121(8): 709 (2017)

子实体平伏，贴生，革质，长可达 3.4 cm，宽可达 1.5 cm，边缘白色，中间棕色，刚开始为圆形小斑点状，随后汇合连接，可与基质分离。新鲜子实体浅褐色至土褐色，干后为浅肉桂色。刺柱散生，呈不规则分布，褐色，凸出子实体部分（100~130）μm ×（40~50）μm。边缘贴生，干后稍反卷，较子实层颜色浅。担孢子长圆柱形，明显弯曲，顶端具一小尖，薄壁，无色，（16~22）μm ×（6~7.5）μm。

生境：生于阔叶林枯枝上。

产地：官山国家级自然保护区，采集时间 2023 年 9 月 1 日，凭证标本：G042023090102。

分布：云南省，海南省，广西壮族自治区。

经济价值：木腐菌。

薄盘革耳 *Eichleriella tenuicula*

58 亚热带蜂窝菌

Favolus subtropicus J.L. Zhou & B.K. Cui, Mycologia 109(5): 775 (2018)

子实体一年生，肉质，菌盖直径 3~4 cm，边缘米白色，中间米黄色，表面干燥，扇形，边缘无条纹，靠近菌柄表面具粉红色小刺。菌管角形，菌管与表面同色，深 1~2.5 mm。菌柄侧生，长 0.4~0.6 cm，粗 0.3~0.4 cm，米黄色，圆柱形，纤维质，实心。担子棒状，具 4 个孢子小梗，（22.5~33）μm ×（5.5~8.5）μm。担孢子圆柱形，薄壁，无色，光滑，（7~9）μm ×（2.5~4）μm。

生境： 散生于阔叶林倒木上。

产地： 官山国家级自然保护区，采集时间 2023 年 5 月 13 日和 2023 年 7 月 3 日，凭证标本：G042023051320 和 G042023070324。

分布： 福建省，湖南省，广东省。

经济价值： 不明。

亚热带蜂窝菌 *Favolus subtropicus*

59 牛舌菌

Fistulina hepatica (Schaeff.) With., A botanical arrangement of British plants. Ed. 23(2): 405 (1792)

子实体肉质，近匙形，宽 5~15 cm，有短柄，红褐色或血红色，成熟后变为暗褐色，从基部至盖缘具放射状深红褐色花纹，黏，粗糙，子实层生于管内，菌管长 1~2 cm，初期为白色，后为淡红色，管孔近白色，后为肉色，受伤处为浅褐色或锈色，菌肉淡红色，厚 1~3 cm，纵切面有纤维状分叉的深红色花纹，新鲜时软而多汁。担孢子椭圆形或近球形，近无色或粉红色，光滑，(4.5~5) μm×(3~4) μm，内含 1 个油滴。

生境：单生于阔叶林枯立木上。

产地：官山国家级自然保护区，采集时间 2023 年 5 月 12 日，凭证标本：G042023051215。

分布：江西省，浙江省，河南省，福建省，广西壮族自治区，四川省，贵州省，云南省，台湾省。

经济价值：食用菌，药用菌。

牛舌菌 *Fistulina hepatica*

60 红褐小层孔菌

Fomitella rhodophaea (Lév.) T. Hatt., Mycoscience 46(5): 305 (2005)

子实体小，革质。菌盖直径（2.5~5）cm ×（3~6.3）cm，厚 2~3 mm，近圆形、扇形、碟形，偶有侧面相连，鲜时柔软，干时变硬，表面平滑或光亮，具橙黄色、土红色、黄褐色或红褐色相间同心环纹和环带，或具放射状纵沟条。菌肉白色至黄白色，厚达 1.5 mm。柄侧生，长 1~2.5 cm，粗 0.3~0.5 cm，较盖色深，基部膨大。子实层中菌丝无色，透明。菌孔细小，7~8 个/mm^2。担孢子长椭圆形，小，无色，平滑，透明，（3.5~4.5）μm×（2~2.5）μm。

生境：单生或群生于阔叶林腐木上。

产地：官山国家级自然保护区，采集时间 2021 年 6 月 12 日，凭证标本：G042021061242。

分布：云南省，海南省，广东省，贵州省，广西壮族自治区。

经济价值：白腐菌。

红褐小层孔菌 *Fomitella rhodophaea*

61 淡黄褐卧孔菌

Fuscoporia gilva (Schwein.) T. Wagner & M. Fisch., Mycologia 94 (6): 1013 (2002)

子实体一年生或多年生，无柄，宽 5~15 cm，厚 1.5~3.0 cm，或多或少呈扇形，黄棕色，被短柔毛，常凹凸不平或具同心皱纹。菌肉坚韧，带状，黄色至赭褐色，在 5% 氢氧化钾溶液中颜色变深。菌孔圆形，锈棕色，5~7 个/mm^2。孢子印白色。担孢子卵形至椭圆形，（4.5~5）μm×（3~3.5）μm，光滑。

生境：生于阔叶林腐木上。

产地：官山国家级自然保护区，采集时间 2022 年 7 月 9 日和 2022 年 8 月 26 日，凭证标本：G042022070914 和 G042022082606。

分布：江西省，广西壮族自治区，福建省，海南省，重庆市，湖北省，湖南省，广东省，云南省，四川省，安徽省，陕西省，山东省，江苏省，内蒙古自治区，辽宁省，台湾省，吉林省，黑龙江省，山西省，河南省。

经济价值：药用菌。

淡黄褐卧孔菌 *Fuscoporia gilva*

62 平盖灵芝

Ganoderma applanatum (Pers.) Pat., Bulletin de la Société Mycologique de France 5: 67 (1889)

子实体多年生，无柄，单生或覆瓦状叠生，木栓质。菌盖呈半圆形或不规则扇形，外伸 10~30 cm，宽 20~40 cm，基部厚 5~9 cm。表面锈褐色至深褐色，具明显的环沟和环带，边缘圆，厚 2~3 cm。菌管表面白色至浅灰色或浅棕色，受伤后变为棕色；管口圆形，4~6 个/mm^2；菌管棕色，长 0.5~2 cm。孢子印棕色至橙棕色，担孢子宽椭圆形，末端平截，（6~9）μm ×（4~5）μm，双层壁，外壁无色透明，内壁具小刺。

生境： 单生或群生于倒木上。

产地： 官山国家级自然保护区，采集时间 2021 年 6 月 12 日，凭证标本：G042021061212。

分布： 福建省，西藏自治区，贵州省，上海市，湖北省，湖南省，广东省，香港特别行政区，安徽省，四川省，新疆维吾尔自治区，江苏省，吉林省，宁夏回族自治区，河南省，河北省，广西壮族自治区，海南省，江西省，重庆市，云南省，北京市，甘肃省，陕西省，山东省，浙江省，内蒙古自治区，青海省，辽宁省，台湾省，黑龙江省，山西省。

经济价值： 药用菌。

平盖灵芝 *Ganoderma applanatum*

63 褐树舌

Ganoderma brownii (Murrill) Gilb., Mycologia 53: 505 (1962)

子实体多年生，无柄，木栓质。菌盖扁平至蹄形，长 × 宽可达 20 cm × 10 cm，厚可达 5 cm，表面红棕色，具坚硬角质硬皮，具明显的环沟和环带。菌肉呈淡褐色到褐色，无黑色壳质层，比较松软，杂有少量白色菌丝，厚 1~1.5 cm，最厚可达 2.8 cm。管口白色至黄色，略圆形，4~5 个/mm^2，受伤后变深褐色；菌管深紫棕色，长 1~1.2 cm。担孢子宽椭圆形，顶端平截，双层壁，外壁无色透明，平滑，内壁淡褐色，具小刺，(9~12) μm × (7~9) μm。

生境： 单生或群生于倒木上。

产地： 官山国家级自然保护区，采集时间 2021 年 6 月 12 日，凭证标本：G042021061208。

分布： 广西壮族自治区，福建省，西藏自治区，海南省，贵州省，云南省。

经济价值： 药用菌。

褐树舌 *Ganoderma brownii*

64 弯柄灵芝

Ganoderma flexipes Pat., Bulletin de la Société Mycologique de France 23(2): 75 (1907)

子实体一年生，有柄，木栓质。菌盖扇形或近圆形，（1.5~4）cm×（0.5~2.5）cm，厚 0.15~1 cm，表面红褐色，具明显的同心环沟，具似漆样光泽。菌肉呈深木材色至淡褐色，分层不清楚，有时上层色较淡，下层色较深，厚 0.1~0.2 cm。管孔面浅棕色，近圆形，4~5 个/mm^2；菌管褐色，长 0.3~0.5 cm。菌柄背侧生或背生，长 3~11.5 cm，粗 0.2~0.5 cm，有光泽，紫褐色或紫黑色。担孢子卵圆形至宽卵圆形，顶端平截，双层壁，外壁无色透明，平滑，内壁浅棕色，具细小且短的小刺，（9.2~12）μm×（6.8~8.5）μm。

生境：单生或群生于倒木上。

产地：官山国家级自然保护区，采集时间 2021 年 6 月 12 日，凭证标本：G042021061260。

分布：江西省，广西壮族自治区，海南省，贵州省，湖南省，云南省，台湾省，安徽省。

经济价值：药用菌。

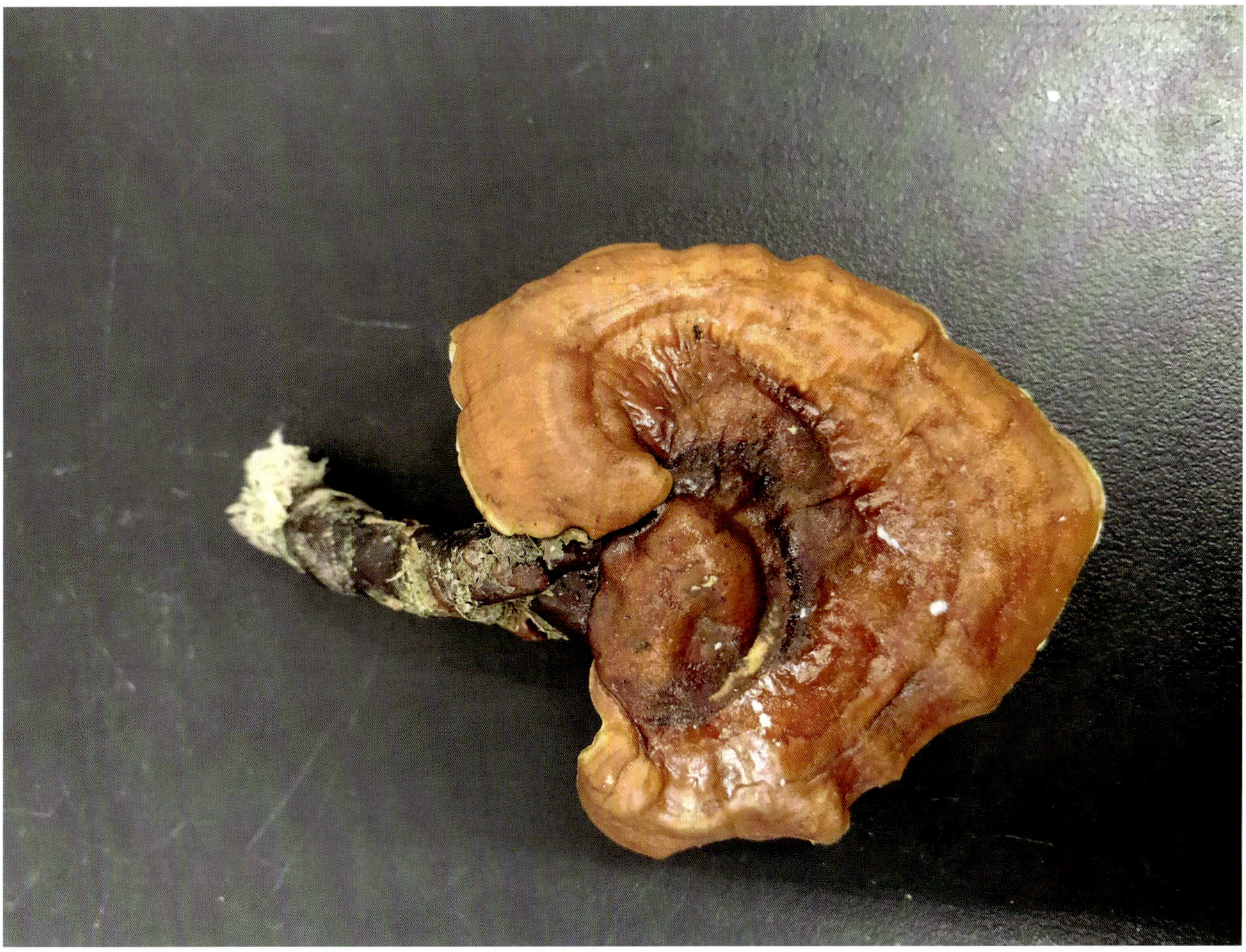

弯柄灵芝 *Ganoderma flexipes*

65 有柄树舌

Ganoderma gibbosum (Blume & T. Nees) Pat., Ann. Jard. Bot. Buitenzorg Suppl. 1: 114 (1897)

菌盖直径 6~12 cm，白色，表面干燥，半圆形，表面有瘤，具同心环纹，褐色，边缘白色。菌肉浅黄色，木栓质至木质。菌孔密，圆形，4~5 个/mm^2。菌柄短而粗，侧生，长 4~7 cm，粗 2~3 cm，与菌盖同色。担孢子（7.5~10.5）µm ×（4~6.1）µm，卵形，褐色或黄褐色。

生境：单生于混交林腐木上。

产地：官山国家级自然保护区，采集时间 2021 年 6 月 12 日和 2022 年 7 月 9 日，凭证标本：G042021061209 和 G042022070907。

分布：江西省，广西壮族自治区，海南省，贵州省，湖北省，湖南省，广东省，云南省，安徽省，四川省，浙江省，江苏省，内蒙古自治区，黑龙江省，河北省。

经济价值：药用菌。

有柄树舌 *Ganoderma gibbosum*

66 狭长孢灵芝

Ganoderma orbiforme (Fr.) Ryvarden, Mycologia 92 (1): 187 (2000)

子实体一年生或多年生，木栓质至木质，(2.5~9.5) cm × (3.5~10) cm，上表面平坦，有沟，无毛，有光泽，浅棕色至栗棕色，随着年龄的增长颜色逐渐变深，边缘通常呈浅色。菌孔表面乳白色，圆形，5 个/mm^2。菌管深棕色，深达 10 mm。担孢子宽椭圆形，浅棕色，(10~11) μm × (6~7) μm。

生境：生于倒木上。

产地：官山国家级自然保护区，采集时间 2022 年 8 月 30 日，凭证标本：G042022083019。

分布：云南省，海南省，贵州省，广东省。

经济价值：药用菌。

狭长孢灵芝 *Ganoderma orbiforme*

67 无柄灵芝

Ganoderma resinaceum Boud., in Patouillard, Bull. Soc. Mycol. Fr. 5(2,3): 72 (1889)

子实体一年生，木栓质。菌盖半圆形或近扇形，直径可达 26 cm，基部厚可达 9 cm，表面棕红色至红棕色，表面具漆状外壳，并具放射状同心生长区。菌孔呈白色至浅棕色，受伤后呈深棕色，2~4 个/mm^2，菌管深达 7 mm。多数无柄，少数具侧向短粗菌柄，粗 2~5 cm，棕红色至红棕色，具光泽。孢子印红褐色，担孢子卵圆形或椭圆形，顶端多平截，(10~14) μm×(6~8) μm。

生境：群生于阔叶林麻栎枯立木上。

产地：官山国家级自然保护区，采集时间 2022 年 8 月 26 日，凭证标本：G042022082612。

分布：广西壮族自治区，西藏自治区，海南省，重庆市，湖北省，广东省，青海省，云南省，香港特别行政区，四川省。

经济价值：药用菌。

无柄灵芝 *Ganoderma resinaceum*

68 紫芝

Ganoderma sinense J.D. Zhao, L.W. Hsu & X.Q. Zhang, Acta Mycologica Sinica 19: 272 (1979)

子实体一年生，有侧生柄，木栓质，扇形、肾形至圆形，直径 6.5~14 cm，红棕色至紫黑色，具明显的同心环纹和纵皱纹，边缘薄，全缘，稍内卷。管口圆形至角形，白色至灰白色，3~5 个/mm^2；菌管黄棕色，0.5~1.2 cm。菌柄长 6~8.2 cm，粗 1~1.5 cm，红棕色至紫黑色，圆柱形。担孢子（11.0~13.5）μm ×（7.0~8.5）μm，椭圆形，双层壁，外壁无色光滑，内壁淡黄棕色，具小刺。

生境：单生于阔叶林地上。

产地：官山国家级自然保护区，采集时间 2021 年 6 月 12 日，凭证标本：G042021061204。

分布：江西省，广西壮族自治区，福建省，西藏自治区，海南省，贵州省，上海市，湖北省，广东省，湖南省，云南省，香港特别行政区，安徽省，四川省，陕西省，山东省，浙江省，江苏省，台湾省，黑龙江省，河北省，河南省，山西省。

经济价值：药用菌。

紫芝 *Ganoderma sinense*

69 赭白垫革菌

Gloeocystidium ochroleucum Bres. ex Bourdot & Galzin, Bull. Soc. Mycol. Fr. 28(4): 365 (1913)

子实体一年生，平伏，革质，松散或者几乎紧密附着，厚 0.1~0.4 mm，边缘白色或奶油色，中间赭色。担子柱状，具 4 个孢子小梗。孢子呈椭圆形至倒卵形，一侧平坦，（10~13）μm ×（4.5~6.5）μm。

生境：贴生于竹子基部。

产地：官山国家级自然保护区，采集时间 2022 年 7 月 11 日，凭证标本：G042022071114。

分布：江苏省。

经济价值：不明。

赭白垫革菌
Gloeocystidium ochroleucum

70 彩孔菌

Hapalopilus rutilans (Pers.) Murrill, Bulletin of the Torrey Botanical Club 31 (8): 416 (1904)

子实体长 6.5 cm，宽 2.5 cm，肉桂色至橙棕色，肾形至扇形，无柄。菌管管口角形，管面棕色，2~4 个/mm^2。担子棒状，具 4 个孢子小梗，（18~22）μm ×（5~5.6）μm。孢子印白色，担孢子椭圆形至圆柱形，光滑，（3.5~5）μm ×（2~3）μm。

生境：单生于阔叶林倒木上。

产地：官山国家级自然保护区，采集时间 2023 年 5 月 13 日，凭证标本：G042023051331。

分布：山东省，内蒙古自治区，云南省，辽宁省，吉林省，黑龙江省。

经济价值：毒菌。

彩孔菌 *Hapalopilus rutilans*

71 珊瑚状猴头菌

Hericium coralloides (Scop.) Pers., Neues Mag. Bot. 1: 109 (1794)

子实体一年生，肉质，直径 8~20 cm，珊瑚状分枝，丛枝再生小枝，小枝下生密集刺；新鲜时白色，干燥后变淡黄色至棕色。担子（16~20）μm ×（3~4）μm，具 4 个孢子小梗。孢子印白色，担孢子椭圆形至近球形，无色，光滑，（3~4）μm ×（2.5~3.5）μm。

生境：生于阔叶林倒木上。

产地：官山国家级自然保护区，采集时间 2023 年 8 月 31 日，凭证标本：G042023083135。

分布：江西省，福建省，西藏自治区，贵州省，湖南省，云南省，北京市，四川省，甘肃省，陕西省，新疆维吾尔自治区，内蒙古自治区，青海省，辽宁省，吉林省，黑龙江省，山西省。

经济价值：食用菌，药用菌。

珊瑚状猴头菌 *Hericium coralloides*

72 褐赤刺革菌

Hymenochaete rubiginosa (J.F. Gmel.) Lév., Ann. Sci. Nat., Bot. 5: 151 (1846)

子实体硬革质，平伏反卷形成檐状、扇形或贝壳形的菌盖，常成覆瓦状排列，长 1~7 cm，宽 0.5~4 cm，厚 1~2 mm，也可左右相连成条状，长达 17 cm，宽 3 cm 左右；菌盖表面的绒毛多数易脱落，仅边缘处被细绒毛，呈锈褐色、污褐色至黑褐色；具黑色、黑灰色、栗色或栗褐色相间的细密同心环纹或环棱；子实层体光滑或有不规则疣状突起，棕色、栗褐色或污褐色，少数瓦灰色，边缘金黄褐色；有时子实层体表面可再生成一层新的子实层体，颜色比老的子实层体浅。担子近棍棒状，（15~25）μm ×（4~6）μm，具 4 个孢子小梗，长 4~5 μm。担孢子长椭圆形，（3.5~5.5）μm ×（2~3）μm。

生境：群生于马尾松枯枝上。

产地：官山国家级自然保护区，采集时间 2021 年 6 月 12 日，凭证标本：G042021061277。

分布：广西壮族自治区，福建省，海南省，贵州省，广东省，湖南省，云南省，北京市，安徽省，四川省，甘肃省，浙江省，江苏省，青海省，辽宁省，吉林省，河北省。

经济价值：白腐菌，食用菌。

褐赤刺革菌 *Hymenochaete rubiginosa*

73 白囊耙齿菌

Irpex lacteus (Fr.) Fr., Elenchus Fungorum 1: 142 (1828)

子实体表面白色，平伏、平伏至反卷，齿状。菌盖直径 1.6~1.8 cm，边缘白色，中间淡黄色，不黏，平展，边缘无条纹。菌管 1 mm，管口角形，管面淡黄色，管里银白色。菌肉白色至奶油色，厚约 1 mm。担孢子椭圆形至近圆柱形，无色，薄壁，光滑，（5~7）μm ×（2~3）μm。

生境：群生于阔叶林腐木上。

产地：官山国家级自然保护区，采集时间 2023 年 3 月 15 日，凭证标本：G042023031505。

分布：江西省，福建省，西藏自治区，贵州省，湖南省，湖北省，广东省，安徽省，四川省，江苏省，吉林省，河南省，河北省，广西壮族自治区，海南省，云南省，北京市，甘肃省，陕西省，山东省，浙江省，内蒙古自治区，辽宁省，台湾省，黑龙江省，山西省。

经济价值：药用菌，白腐菌。

白囊耙齿菌 *Irpex lacteus*

74 硫色绚孔菌

Laetiporus sulphureus (Bull.) Murrill, Mycologia 12(1): 11 (1920)

子实体大型，一年生。菌盖排列呈覆瓦状，干后变轻脆。菌盖扇形至半圆形，宽 5~25 cm，深可达 20 cm，厚可达 3 cm，表面硫黄色，有细绒毛，边缘波浪状，薄而锐。幼嫩时菌肉柔软，偏黄白色，成熟后变硬，受伤后颜色不变。菌管圆形至角形，管口硫黄色，管深 2~5 mm，3~4 个/mm^2。孢子印白色，担孢子椭球形，（5.5~7）μm ×（3.5~5）μm。

生境：单生或群生于倒木上。

产地：官山国家级自然保护区，采集时间 2021 年 6 月 12 日，凭证标本：G042021061228。

分布：江西省，福建省，西藏自治区，贵州省，湖南省，湖北省，广东省，澳门特别行政区，四川省，安徽省，新疆维吾尔自治区，江苏省，吉林省，宁夏回族自治区，河北省，河南省，广西壮族自治区，海南省，重庆市，云南省，北京市，甘肃省，陕西省，山东省，浙江省，内蒙古自治区，青海省，辽宁省，台湾省，黑龙江省，山西省。

经济价值：食用菌，药用菌。

硫色绚孔菌 *Laetiporus sulphureus*

75 漏斗香菇

Lentinus arcularius (Batsch) Zmitr., International Journal of Medicinal Mushrooms (Redding) 12(1): 88 (2010)

子实体漏斗形至平展，中央凹陷，直径 1.4-2.3 cm；菌盖浅棕色，深棕色的鳞片呈同心轮纹排列。菌管与菌孔表面同色，延生，长 0.1~0.2 cm。菌孔六角形或角形，1~4 个/mm^2。菌柄中生，基部略粗，细长，表面有鳞片，褐色至黄褐色，2~4 cm。孢子印白色，担孢子圆柱形，光滑，（5~8.5）μm×（1.5~2.5）μm。

生境：群生于阔叶林腐木上。

产地：官山国家级自然保护区，采集时间 2022 年 8 月 26 日和 2022 年 8 月 30 日，凭证标本：G042022082603 和 G042022083010。

分布：江西省，福建省，西藏自治区，贵州省，湖北省，湖南省，广东省，澳门特别行政区，香港特别行政区，四川省，安徽省，江苏省，吉林省，河南省，广西壮族自治区，海南省，云南省，北京市，甘肃省，陕西省，浙江省，内蒙古自治区，青海省，辽宁省，台湾省，黑龙江省，山西省。

经济价值：药用菌。

漏斗香菇 *Lentinus arcularius*

76 桦革裥菌

Lenzites betulinus (L.) Fr., Epicrisis Systematis Mycologici: 405 (1838)

子实体革质至近栓质，侧生无柄，单生或叠生。菌盖半圆形、扇形至贝壳形，直径 3.7~5.4 cm；盖面灰白色、淡黄褐色至淡灰褐色，密生短绒毛，具明显的不同颜色同心环带，干后呈土黄色至灰褐色，或具放射状皱纹；盖缘薄，锐或稍钝，常有波状浅裂。菌褶白色，干后土黄色。担子棍棒状，（15~20）μm ×（6~8）μm，具 4 个孢子小梗。孢子印白色，担孢子圆柱状，无色，光滑，（5~6）μm ×（2~3）μm。

生境：散生于阔叶林腐木上。

产地：官山国家级自然保护区，采集时间 2023 年 3 月 15 日，凭证标本：G042023031502。

分布：江西省，福建省，贵州省，湖南省，云南省，北京市，甘肃省，陕西省，新疆维吾尔自治区，山东省，江苏省，内蒙古自治区，青海省，辽宁省，黑龙江省，山西省。

经济价值：药用菌，白腐菌。

桦革裥菌 *Lenzites betulinus*

77 喙状齿孔菌

Metuloidea rhinocephala (Berk.) Miettinen, Annales Botanici Fennici 53: 165 (2016)

子实体一年生，平伏状，边缘卷起形成菌盖，菌盖伸出可达 2.5 cm，宽不到 2 cm，贝壳状，薄，具绒毛，棕色，有甜味。菌孔多角形，颜色为黄棕色至棕色。担孢子椭圆形至短圆柱形，薄壁，（3.5~5）μm×（2~3）μm。

生境：群生于阔叶林腐木上。

产地：官山国家级自然保护区，采集时间 2022 年 8 月 29 日，凭证标本：G042022082923。

分布：澳大利亚，新西兰。

经济价值：不明。

喙状齿孔菌 *Metuloidea rhinocephala*

78 卵形微孔菌

Microporellus obovatus (Jungh.) Ryvarden, Norwegian Journal of Botany 19: 232 (1972)

子实体一年生，单生或群生，有柄，菌盖匙形、扇形或近倒卵圆形，直径 4~8 cm，表面具明显的棕褐色和棕色同心环带，干后变硬并强烈地皱缩。菌肉白色，厚约 1 mm，切开不变色。菌管表面白色至奶油色，受伤后慢慢变褐；管口微小，略圆形，6~8 个/mm^2。菌柄侧生，与菌盖同色，长 6~35 mm，粗 1.5~4 mm，基部稍膨大。担孢子椭圆形，透明，薄壁，光滑，（3.5~5）μm ×（2~3）μm。

生境：叠生于阔叶林腐木上。

产地：官山国家级自然保护区，采集时间 2022 年 7 月 7 日和 2022 年 8 月 29 日，凭证标本：G042022070735 和 G042022082903。

分布：广西壮族自治区，海南省，湖南省，广东省，云南省，江西省。

经济价值：白腐菌。

卵形微孔菌 *Microporellus obovatus*

79 近缘小孔菌

Microporus affinis (Blume & T. Nees) Kuntze, Revisio Generum Plantarum 3(3): 494 (1898)

菌盖直径 3~5 cm，表面浅黄褐色至红褐色，老后有黑褐色斑块，具明显的 4~5 条同心环纹，皮壳样，边缘白色，全缘或波状。下表面乳白色，受伤或干燥后变黄色，菌管细小，3~5 个/mm^2。菌柄侧生，长 3.5 cm，粗 0.7 cm，棕色至深红棕色，纤维质，实心。孢子印白色，担孢子椭圆形，透明，薄壁，（5.5~7）μm×（2~3）μm。

生境：单生于阔叶林腐木上。

产地：官山国家级自然保护区，采集时间 2022 年 7 月 6 日和 2022 年 7 月 8 日，凭证标本：G042022070655 和 G042022070809。

分布：江西省，广西壮族自治区，福建省，海南省，贵州省，湖南省，湖北省，广东省，澳门特别行政区，安徽省，四川省，浙江省，台湾省。

经济价值：食用菌，白腐菌。

近缘小孔菌 *Microporus affinis*

80 黄褐小孔菌

Microporus xanthopus (Fr.) Kuntze, Revisio Generum Plantarum 3(3): 494 (1898)

菌盖薄，革质，漏斗形，浅朽叶色至栗褐色。无毛，具不同深浅的棕色和白色同心环带，平或有辐射状皱纹，宽 3~16 cm，厚 0.5~1 mm，边缘薄而锐，波浪状至瓣裂，下侧无子实层。菌柄黄色，光滑，中生或稍偏生，长 0.5~5 cm，粗 2~ 5 mm，基部膨大。菌肉白色，膜质。担孢子短圆柱形，无色，薄壁，光滑，（6~7.5）μm×（2~2.5）μm。

生境：单生或群生于阔叶林腐木上。

产地：官山国家级自然保护区，采集时间 2021 年 6 月 12 日，凭证标本：G042021061290。

分布：江西省，云南省，贵州省，海南省，内蒙古自治区，贵州省，陕西省，河南省，广西壮族自治区，辽宁省，广东省，江苏省，浙江省，福建省。

经济价值：食用菌，白腐菌。

黄褐小孔菌 *Microporus xanthopus*

81 硬白孔层孔菌

Niveoporofomes spraguei (Berk. & M.A. Curtis) B.K. Cui, M.L. Han & Y.C. Dai, Fungal Diversity 80: 360 (2016)

子实体一年生，无柄，单生或叠生。新鲜时韧肉质，多汁，无特殊气味。干燥后质量明显变轻，木栓质。菌盖半圆形，棕橙色，长 8.5 cm，宽 8 cm，基部厚 2 cm，边缘 0.5 cm，表面凹凸不平，有透明液滴渗出。菌孔表面奶油色至淡黄褐色，管深 2~4 mm。菌肉乳白色，受伤后颜色不变。孢子椭圆形，无色，薄壁，光滑，（5~8）μm ×（4~5）μm。

生境：单生于混交林腐木上。

产地：官山国家级自然保护区，采集时间 2022 年 7 月 10 日，凭证标本：G042022071013。

分布：云南省，海南省，广东省。

经济价值：褐腐菌，药用菌。

硬白孔层孔菌 *Niveoporofomes spraguei*

82 二型囊孔菌

Pallidohirschioporus biformis (Fr.) Y.C. Dai, Yuan Yuan & Meng Zhou, Mycosphere 14(1): 867 (2023)

子实体中小型，乳白色，无柄，状似扁平扇贝，表面还可见美丽的褐色环纹。背面具紫红色齿状菌孔，菌孔角状，3~5 个/mm^2。囊状体棒状，（20~35）μm×（4~5）μm。担孢子圆柱形，稍弯曲，（5.5~7）μm×（2~3）μm。

生境：散生于阔叶林腐木上。

产地：官山国家级自然保护区，采集时间 2022 年 7 月 8 日，凭证标本：G042022070856。

分布：山东省，云南省，贵州省，甘肃省，内蒙古自治区，黑龙江省，福建省，北京市，青海省，海南省，山西省，江西省，西藏自治区，湖北省，广西壮族自治区。

经济价值：白腐菌。

二型囊孔菌 *Pallidohirschioporus biformis*

83 亚灰孢多年卧孔菌

Perenniporia subtephropora B.K. Cui & C.L. Zhao 2013

子实体多年生，平伏或贴生，木栓质，长可达 8 cm，宽可达 6 cm，表面呈奶油色至灰黄色。菌孔圆形，6~8 个/mm^2，表面奶油色至浅灰色，受伤后迅速变为棕色。担子棒状至梨形，具 4 个孢子小梗，（13~14）μm×（7~7.5）μm。担孢子椭圆形至宽椭圆形，顶端截形，透明至浅黄色，厚壁，光滑，（4~5）μm×（3~4.5）μm。

生境：单生于阔叶林倒木上。

产地：官山国家级自然保护区，采集时间 2021 年 6 月 12 日，凭证标本：G042021061287。

分布：海南省，云南省，贵州省，广东省。

经济价值：白腐菌。

亚灰孢多年卧孔菌 *Perenniporia subtephropora*

84 武夷山黑柄多孔菌

Picipes wuyishanensis B.K. Cui, Xing Ji & J.L. Zhou 2022

子实体一年生，单生，菌盖直径 3~4 cm，扁平至浅漏斗形或中部下凹呈脐状，半肉质，干后硬木栓质。菌盖上表面棕红色，具放射状条纹。菌孔角形，孔口颜色同上表面或稍浅，3~5 个/mm²。菌柄侧生，长 2~6 cm，粗 0.3~1 cm，红棕色，内部白色，基部稍膨大。担子棍棒形，具 4 个孢子小梗，（11~14.5）μm ×（6~9）μm。担孢子圆柱形，无色，薄壁，光滑，（5.5~7.5）μm ×（2.5~3.5）μm。

生境：散生于阔叶林枯枝上。

产地：官山国家级自然保护区，采集时间 2022 年 8 月 30 日，凭证标本：G042022083014。

分布：福建省。

经济价值：不明。

武夷山黑柄多孔菌 *Picipes wuyishanensis*

85 梭伦剥管孔菌

Piptoporellus soloniensis (Dubois) B.K. Cui, M.L. Han & Y.C. Dai, Fungal Diversity 80: 361 (2016)

子实体一年生，无柄，盖形，或具中生至侧生的短柄，单生或覆瓦状排列。菌盖半圆形或扇形。菌盖表面奶油色至肉桂色或浅橙色，被绒毛，菌盖边缘奶油色至浅橙色或橙褐色，有时内卷，有时外卷。菌孔圆形至角形，3~6 个/mm^2。担孢子圆柱形至长椭圆形，（4~6）μm ×（2.5~3.5）μm。

生境： 散生于阔叶林倒木上。

产地： 官山国家级自然保护区，采集时间 2022 年 8 月 28 日，凭证标本：G042022082807。

分布： 山西省，山东省，安徽省，福建省，浙江省，河南省。

经济价值： 食用菌，褐腐菌。

梭伦剥管孔菌 *Piptoporellus soloniensis*

86 理坡瑞多孔菌

Polyporus leprieurii Mont., Annales des Sciences Naturelles Botanique 13: 203 (1840)

子实体一年生，柄中生或近中生，单生，新鲜为革质，菌盖呈边缘不规则圆形，直径 3 cm，中部凹陷呈漏斗状，边缘不规则开裂；上表面黄褐色至土黄色。孔口表面黄褐色至灰褐色，孔口圆形至多角形，4~5 个/mm^2，菌管淡黄色。菌柄黑色，光滑，长 3 cm，粗 3 mm。担子棍棒状，具 4 个孢子小梗，（22~27）μm ×（6~8）μm。担孢子椭圆形至近椭圆形，无色，薄壁，光滑，（6.5~9）μm ×（2.5~3.5）μm。

生境：群生于阔叶林腐木上。

产地：官山国家级自然保护区，采集时间 2022 年 8 月 29 日，凭证标本：G042022082904。

分布：福建省，海南省，湖北省，浙江省，贵州省，陕西省，四川省。

经济价值：白腐菌。

理坡瑞多孔菌 *Polyporus leprieurii*

87 红木色孔菌

Porogramme epimiltina (Berk. & Broome) Y.C. Dai, W.L. Mao & Yuan Yuan, IMA Fungus 14 (5): 10 (2023)

子实体一年生至多年生，贴生，平伏片状长带形，长 65 cm，宽 20 cm，厚 2 mm，硬革质。菌孔表面灰红色，受伤后变为红褐色。菌管多角形至圆形，7~9 个/mm^2，深 1~1.5 mm。担子棍棒状，具 4 个孢子小梗，（10~14）μm ×（4~6）μm。担孢子宽椭圆形，无色，薄壁，（3~4）μm ×（2~3）μm。

生境：群生于阔叶林腐木上。

产地：官山国家级自然保护区，采集时间 2022 年 7 月 10 日，凭证标本：G042022071022。

分布：广西壮族自治区，福建省，海南省，江西省，湖南省，广东省，四川省，云南省。

经济价值：木腐菌。

红木色孔菌 *Porogramme epimiltina*

88 长孢假赖特孔菌

Pseudowrightoporia oblongispora Y.C. Dai, Jia J. Chen & B.K. Cui, Persoonia 37: 30 (2015)

子实体一年生，平伏，紧贴基质不易分离，木栓质，长可达 8.5 cm，宽可达 6 cm，厚 1~2 mm，表面粉红色至土黄色。菌孔圆形至角形，6~8 个/mm^2。担子棒状至桶状，具 4 个孢子小梗，（10~12）μm×（4~5）μm。担孢子长圆形，透明，厚壁，（3~3.6）μm×（1.8~2.2）μm。

生境：贴生于阔叶林腐木上。

产地：官山国家级自然保护区，采集时间 2021 年 6 月 12 日，凭证标本：G042021061231。

分布：广西壮族自治区，湖南省，福建省。

经济价值：白腐菌。

长孢假赖特孔菌 *Pseudowrightoporia oblongispora*

89 谦逊迷孔菌

Ranadivia modesta (Kunze ex Fr.) Zmitr., Folia Cryptog. Petropolitana (Sankt-Peterburg) 6: 87 (2018)

子实体从腐木桩的侧面生出，担子果近木栓质。菌盖单生，半圆形到近扇形，（3~7）cm×（2.5~3.5）cm，厚 3~6 mm，表面淡褐黄色、淡褐色或部分带白色絮状，光滑，具不明显的环纹，有时具纵皱，边缘稍薄，稍内卷。菌肉淡褐色，厚 2~3 mm。菌管淡于菌肉色，深 2~3 mm。菌管管口圆形，6~10 个/mm^2。无柄。担孢子椭圆形，（4.5~6）μm×（1.5~2）μm。

生境： 群生于阔叶林腐木上。

产地： 官山国家级自然保护区，采集时间 2022 年 8 月 29 日，凭证标本：G042022082915。

分布： 广东省，海南省。

经济价值： 木腐菌。

谦逊迷孔菌 *Ranadivia modesta*

90 赭紫硬孔菌

Rigidoporus vinctus (Berk.) Ryvarden, Norw. Jl Bot. 19(2): 143 (1972)

子实体一年生，大部分平伏，少部分反卷，覆瓦状排列。菌盖延长，长 2~8 cm，宽 1~4 cm。新鲜时白色至奶油色，干燥后苍白色至肉桂色，明显缩水。孔口表层新鲜时白色至奶油色，干燥时肉桂色。担子桶状至头状，具 4 个孢子小梗，（13~18）μm×（8~10）μm。担孢子椭圆形，薄壁，光滑，（4.8~5.8）μm×（4.6~5.6）μm。

生境：群生于阔叶林腐木上。

产地：官山国家级自然保护区，采集时间 2022 年 7 月 6 日，凭证标本：G042022070652。

分布：四川省，海南省，云南省，广东省，浙江省，江苏省，甘肃省。

经济价值：不明。

赭紫硬孔菌 *Rigidoporus vinctus*

91 半盖干皮孔菌

Skeletocutis semipileata (Peck) Miettinen & A. Korhonen, MycoKeys 36: 73 (2018)

子实体大型，一年生，单个至连片生长，平伏至边缘反卷，无明显气味或味道，烘干后坚硬，长约 6 cm；菌盖硬木质，粗糙，无光泽，新鲜时白色至奶油色，烘干后奶油色至浅褐色，不孕部边缘明显，宽约 2 mm，白色；菌孔表面乳白色或浅褐色，8~10 个/mm^2；菌管白色，深约 2 mm；菌肉白色，厚约 2 mm。担孢子腊肠形，（2.2~3.3）μm ×（0.5~0.7）μm。

生境：群生于阔叶林腐木上。

产地：官山国家级自然保护区，采集时间 2022 年 8 月 26 日，凭证标本：G042022082602。

分布：河南省，山西省，云南省，浙江省，北京市。

经济价值：不明。

半盖干皮孔菌 *Skeletocutis semipileata*

92 薄皮干酪菌

Skeletocutis nivea (Jungh.) Jean Keller, Persoonia 10(3): 353 (1979)

子实体单生，无柄，盖形、半圆形至扇形，宽可达 10 cm，长可达 8 cm，厚 0.5~2 cm，上表面白色至浅黄色或浅灰色。幼嫩菌肉柔软，干燥后易碎。菌管表面白色，干燥后变黄。管口圆形至角形，3~5 个/mm^2，菌管深 2~8 mm。担子棒状，具 4 个孢子小梗，（10~15）μm×（4~5）μm。孢子印白色，担孢子圆柱形，光滑，（4~5）μm×（1.5~2）μm。

生境： 群生于阔叶林腐木上。

产地： 官山国家级自然保护区，采集时间 2021 年 6 月 12 日，凭证标本：G042021061205。

分布： 广西壮族自治区，福建省，贵州省，湖南省，湖北省，广东省，云南省，北京市，四川省，陕西省，浙江省，内蒙古自治区，辽宁省，吉林省，黑龙江省，山西省，河北省，河南省，江西省。

经济价值： 白腐菌。

薄皮干酪菌 *Skeletocutis nivea*

93 毛盖绵皮孔菌

Somion litschaueri (Lohwag) Vlasák & Spirin, Fungal Syst. Evol. 12: 310 (2023)

子实体一年生，无柄，凸出基质可达 10 cm，厚可达 3 cm，上表面被绒毛，黄色至亮赭色，边缘钝。毛孔表面奶油色至赭色或浅棕色，毛孔角状至不规则拉长，1~3 个/mm^2。担孢子宽椭圆形至卵形，光滑，无色，厚壁，（6.5~9）μm ×（5~7）μm。

生境：单生于阔叶林地上。

产地：官山国家级自然保护区，采集时间 2022 年 7 月 8 日和 2023 年 8 月 31 日，凭证标本：G042022070861 和 G042023083105。

分布：内蒙古自治区，黑龙江省，广东省，北京市，浙江省，青海省，西藏自治区。

经济价值：白腐菌。

毛盖绵皮孔菌 *Somion litschaueri*

94 极薄齿耳菌

Steccherinum tenuissimum C.L. Zhao & Y.X. Wu, PLoS One 16 (1): e0244520, 7 (2021)

子实体一年生，平伏，紧贴基质生长，新鲜时呈白色至奶油色，烘干后变黄；没有特殊气味或味道，单个生长或连成一片，厚度约为 4 mm。子实体表面齿状突起，菌齿圆柱形，4~5 个/mm^2，长 0.2~0.5 mm。担子亚球形，具 4 个孢子小梗，（9.5~19）μm ×（2.5~5.5）μm。担孢子椭圆形，无色，光滑，薄壁，（3~5）μm ×（2~3.5）μm。

生境：生于混交林腐木上。

产地：官山国家级自然保护区，采集时间 2023 年 3 月 16 日，凭证标本：G042023031615。

分布：河南省，山西省，安徽省，北京市。

经济价值：木腐菌。

极薄齿耳菌 *Steccherinum tenuissimum*

95 橙色齿耳菌

Steccherinum aurantilaetum (Corner) Bernicchia & Gorjón, Romar: 795 (2020)

子实体橘色至橘黄色，平伏生，边缘稍反卷或具有明显菌盖，革质，菌盖伸出可达 5 mm，被绒毛，边缘黄色。管口圆形或近角形或不规则近耙齿状，管面黄色。担子宽棒状，具 4 个孢子小梗，(12~14) μm × (4~5) μm。担孢子椭圆形，无色，光滑，薄壁，(3~4) μm × (1.5~2) μm。

生境：群生于阔叶林腐木上。

产地：官山国家级自然保护区，采集时间 2022 年 8 月 29 日，凭证标本：G042022082922。

分布：重庆市，四川省，云南省，广东省，安徽省，黑龙江省，湖北省，贵州省。

经济价值：木腐菌，食用菌。

橙色齿耳菌 *Steccherinum aurantilaetum*

96 毛韧革菌

Stereum hirsutum (Willd.) Pers., Observationes Mycologicae 2: 90 (1800)

子实体小型，无柄，单个直径 0.5~3 cm，通常多个子实体融合在一起，扇形、半圆形或不规则形；表面具天鹅绒般贴附生长的菌毛；具有纹理和颜色的同心区域；颜色多变，橙色至棕褐色、棕色、红棕色或浅黄色。下表面光滑，淡黄色至黄棕色或灰棕色，受伤后呈深黄色。孢子印白色，担孢子圆柱形或长椭圆形，光滑，（5~8）μm×（2~3.5）μm。

生境：群生于阔叶林倒木上。

产地：官山国家级自然保护区，采集时间 2022 年 7 月 8 日，凭证标本：G042022070866。

分布：江西省，福建省，西藏自治区，贵州省，上海市，湖南省，广东省，香港特别行政区，安徽省，四川省，新疆维吾尔自治区，江苏省，吉林省，宁夏回族自治区，河北省，河南省，广西壮族自治区，海南省，云南省，北京市，甘肃省，陕西省，山东省，浙江省，内蒙古自治区，青海省，辽宁省，黑龙江省，山西省。

经济价值：药用菌，白腐菌。

毛韧革菌 *Stereum hirsutum*

97 蓝色特蓝伏革菌

Terana coerulea (Lam.) Kuntze, Revisio Generum Plantarum 2: 872 (1891)

子实体平卧状，厚 2~6 mm，深蓝色，边缘较浅，潮湿时具有天鹅绒般或蜡状的质地，但干燥时会硬皮且易碎。除边缘外，子实体均牢固地附着在其生长表面。担子棒状，(40~60) μm × (5~7) μm，具 4 个孢子小梗。孢子印白色，担孢子椭圆形，表面光滑，(7~12) μm × (4~7) μm。

生境： 平伏贴生于枯枝上。

产地： 官山国家级自然保护区，采集时间 2023 年 8 月 31 日，凭证标本：G042023083167。

分布： 吉林省，云南省，河南省，湖北省，安徽省，甘肃省，陕西省，贵州省，江西省。

经济价值： 不明。

蓝色特蓝伏革菌 *Terana coerulea*

98 莲座革菌

Thelephora vialis Schwein., Transactions of the American Philosophical Society 4(2): 165 (1832)

子实体为花瓶状结构，具类似同心的螺旋状裂片，排列成莲座状，韧肉质（干时革质），宽5~10 cm。上表面具放射状皱纹，白色至暗黄色；下表面稍有皱纹，淡紫色至灰色或棕色。柄深灰色至黑棕色，高1~2 cm，粗0.2~0.5 cm，基部有白色菌丝。担子棒状，具4个孢子小梗，（30~40）μm×（4~6）μm。担孢子椭球形至不规则结节状，（5~7）μm×（4~6）μm。

生境：丛生于阔叶林地上。

产地：官山国家级自然保护区，采集时间2023年7月3日，凭证标本：G042023070312。

分布：江西省，广西壮族自治区，福建省，海南省，贵州省，上海市，广东省，湖南省，云南省，安徽省，四川省，甘肃省，陕西省，浙江省，江苏省，内蒙古自治区，青海省，台湾省，山西省，河北省。

经济价值：药用菌，菌根菌。

莲座革菌 *Thelephora vialis*

99 胭脂红密孔菌

Trametes coccinea (Fr.) Hai J. Li & S.H. He, Mycosystema 33(5): 972 (2014)

子实体一年生，小至中型，无柄，单层或呈覆瓦状，菌盖半圆形、扇形、肾形或近圆形，伸出可达 7 cm，宽可达 8 cm。菌盖表面淡橙黄色至猩红色，平滑，无环纹和沟槽，边缘变锐或钝。菌孔表面红色至绯红色，无光泽。菌孔口圆形至多角形，5~8 个/mm^2，菌管长约 1 mm，与管口同色。担子棒状至桶形，具 4 个孢子小梗，（10~13）μm ×（4~5）μm。担孢子圆柱形至腊肠形，无色，薄壁，光滑，（4~5）μm ×（1.8~2.2）μm。

生境： 散生于阔叶林枯枝上。

产地： 官山国家级自然保护区，采集时间 2023 年 9 月 1 日，凭证标本：G042023090107。

分布： 内蒙古自治区，黑龙江省，安徽省，吉林省。

经济价值： 药用菌。

胭脂红密孔菌 *Trametes coccinea*

100 毛栓菌

Trametes apiaria (Pers.) Zmitr., Wasser & Ezhov, in Zmitrovich, Ezhov & Wasser 2012

子实体原基在腐木上形成，球形，白色。成熟子实体侧生，无柄，扁平，平展至平展反卷，肾形至近半圆形，韧木栓质，菌盖长 5~11.5 cm，宽 4~6 cm，厚 0.7~1.5 cm，黄褐色至灰黑色，被分枝或不分枝的黑色硬粗毛，老熟后部分易脱落，具环纹和辐射状皱纹，边缘薄而锐。菌管表面灰白色、淡黄褐色至赤褐色；菌孔幼时六角形，管口大，呈蜂窝状，直径 1~4 mm，孔内灰白色，成熟后不规则形；菌肉棕褐色至锈褐色，厚 0.2~0.4 mm。孢子卵圆形，光滑，无色，（4~6）μm ×（2.5~4）μm。

生境： 单生或群生于倒木上。

产地： 官山国家级自然保护区，采集时间 2021 年 6 月 12 日，凭证标本：G042021061295。

分布： 我国华南地区等广泛分布。

经济价值： 药用菌。

毛栓菌 *Trametes apiaria*

101 硬毛栓菌

Trametes hirsuta (Fr.) Lloyd, Mycol. Writ. 7(Letter 73): 1319 (1924)

子实体一年生，无柄，单生或覆瓦状叠生。菌盖扁平，半圆形或扇形或近圆形，直径 3.5~5.2 cm，厚 0.5~1 cm，边缘浅棕色，中间棕色，不黏，平展，具同心凹槽。管口多角形，白色至浅灰色，3~4 个/mm^2。菌肉白色至淡黄色。担子棍棒形，具 4 个孢子小梗，（13~16）μm ×（4~6）μm。担孢子圆柱状至腊肠形，无色，光滑，（6~7.5）μm ×（2.0~2.5）μm。

生境：散生于阔叶林腐木上。

产地：官山国家级自然保护区，采集时间 2023 年 3 月 15 日，凭证标本：G042023031511。

分布：江西省，福建省，西藏自治区，贵州省，上海市，湖南省，湖北省，广东省，香港特别行政区，四川省，安徽省，新疆维吾尔自治区，江苏省，吉林省，河南省，河北省，广西壮族自治区，海南省，云南省，北京市，甘肃省，陕西省，山东省，浙江省，内蒙古自治区，青海省，辽宁省，黑龙江省，山西省。

经济价值：药用菌。

硬毛栓菌 *Trametes hirsuta*

102 绒毛栓菌

Trametes pubescens (Schumach.) Pilát, Atlas Champ. Eur., Polypor., B: 268 (1939)

子实体一年生，无柄，半圆形或不规则肾形，单生或覆瓦状叠生，宽度一般不超过 8 cm，伸出不超过 5 cm，厚 4~9 mm，表面有细绒毛，浅黄色、灰白色或浅黄褐色，通常具放射状条纹和皱纹。菌盖薄，有时稍内卷，奶油色。菌管多角形，表面奶油色，3~5 个/mm^2，菌管深 1~6 mm。孢子印白色，担孢子近圆柱形，稍弯曲或长椭圆形，透明，薄壁，平滑，（5~7）μm ×（1.5~2）μm。

生境：群生或散生于阔叶林腐木上。

产地：官山国家级自然保护区，采集时间 2021 年 6 月 12 日，凭证标本：G042021061276。

分布：福建省，西藏自治区，贵州省，湖北省，湖南省，广东省，澳门特别行政区，香港特别行政区，四川省，安徽省，新疆维吾尔自治区，吉林省，宁夏回族自治区，河北省，河南省，广西壮族自治区，海南省，江西省，云南省，北京市，甘肃省，陕西省，山东省，内蒙古自治区，青海省，辽宁省，黑龙江省，山西省。

经济价值：褐腐菌。

绒毛栓菌 *Trametes pubescens*

103 变色栓菌

Trametes versicolor (L.) Lloyd, Mycol. Writ. 6(65): 1045 (1920)

子实体覆瓦状，无柄，革质，半圆形、扇形或肾形，长 2.5~3.5 cm，宽 2~3 cm，具颜色交替的同心纹理，颜色变化较大，有白色、灰色、棕色、肉桂色、橙色、红棕色、蓝色等，并覆有同色细绒毛。菌孔表面白色至浅棕色，孔口近圆形至多角形，4~5 个/mm^2。菌肉白色，坚韧。担子（18~20）μm ×（3~4.5）μm，具 4 个孢子小梗，棍棒形。孢子印白色，担孢子圆柱形，光滑，（4.5~5.5）μm ×（1.5~2）μm。

生境：群生于阔叶林腐木上。

产地：官山国家级自然保护区，采集时间 2022 年 7 月 7 日，凭证标本：G042022070719。

分布：江西省，福建省，西藏自治区，贵州省，湖南省，湖北省，广东省，香港特别行政区，四川省，安徽省，新疆维吾尔自治区，江苏省，吉林省，宁夏回族自治区，河北省，河南省，广西壮族自治区，海南省，重庆市，云南省，北京市，甘肃省，陕西省，山东省，浙江省，内蒙古自治区，青海省，辽宁省，台湾省，黑龙江省，山西省。

经济价值：药用菌，白腐菌。

变色栓菌 *Trametes versicolor*

104 褐扇栓孔菌

Trametes vernicipes (Berk.) Zmitr., Wasser & Ezhov, in Zmitrovich, Ezhov & Wasser, International Journal of Medicinal Mushrooms (Redding) 14(3): 312 (2012)

子实体一年生，单生，菌盖半圆形至近圆形，长 3~5 cm，宽 3~5 cm，厚约 0.5 cm，表面黄褐色至暗红褐色，具明显的同心环纹，边缘环纹颜色深，光滑，微有漆样光泽，边缘白色，全缘或波状，钝。菌孔面白色，干后黄白色，管口近圆形，小。菌柄侧生，长约 0.5 cm，粗约 0.3 cm，与菌盖同色。担子棒状，透明，薄壁，（6.5~13.5）μm×（3.5~5）μm。担孢子圆柱形，光滑，透明，薄壁，（4.5~6.5）μm×（2~3）μm。

生境： 单生于阔叶林腐木上。

产地： 官山国家级自然保护区，采集时间 2021 年 6 月 12 日，凭证标本：G042021061257。

分布： 江西省，云南省，浙江省，海南省，广西壮族自治区，贵州省，广东省，福建省，河南省。

经济价值： 食用菌，白腐菌。

褐扇栓孔菌 *Trametes vernicipes*

105 大褶栓菌

Trametes vespacea (Pers.) Zmitr., Wasser & Ezhov, in Zmitrovich, Ezhov & Wasser, International Journal of Medicinal Mushrooms (Redding) 14(3): 313 (2012)

子实体一年生，无柄，革质或木栓质，扇形或基部稍凹陷，菌盖宽 4.5~8.6 cm，厚 3~8 mm，上表面白色至赭色，边缘均匀，不黏。菌褶面奶油色至浅黄褐色，厚约 0.2 mm。担孢子宽椭圆形，无色，光滑，(5~6.7) μm × (1.6~2.7) μm。

生境：群生于阔叶林腐木上。

产地：官山国家级自然保护区，采集时间 2022 年 7 月 7 日，凭证标本：G042022070724。

分布：江西省，广西壮族自治区，福建省，海南省，广东省，云南省，安徽省，河南省。

经济价值：食用菌，白腐菌。

大褶栓菌 *Trametes vespacea*

106 褐紫附毛菌

Trichaptum fuscoviolaceum (Ehrenb.) Ryvarden, Norweg. J. Bot. 19: 237 (1972)

子实体一年生，宽 1~4 cm，厚 1~3 mm，叠瓦状排列或互相连接。表面干燥，棕灰色，放射状排列。担孢子长椭圆形，无色，平滑，（6.5~8）μm ×（2~3）μm。

生境： 群生于混交林马尾松枯枝上。

产地： 官山国家级自然保护区，采集时间 2022 年 7 月 12 日，凭证标本：G042022071212。

分布： 西藏自治区，河北省，黑龙江省，陕西省，浙江省，云南省，四川省，甘肃省，山东省。

经济价值： 药用菌。

褐紫附毛菌
Trichaptum fuscoviolaceum

107 赭白畸孢孔菌

Truncospora ochroleuca (Berk.) Pilát, Sb. Nár. Mus. v Praze, Rada B, Prír. Vedy 9(2): 108 (1953)

子实体多年生，无柄，木栓质到木质，菌盖半圆形至蹄形，宽达 7 cm，长达 5 cm，基部厚达 2 cm。新鲜时木栓质，干燥后坚硬。上表面呈奶油色至浅黄棕色，常见深浅颜色的环带。菌孔圆形，管口奶油色至赭色，2~4 个/mm^2，菌管深 3~10 mm。担子桶形，具 4 个孢子小梗，（30~40）μm ×（10~15）μm。担孢子椭圆形，顶端平截，透明至金黄色，厚壁，（12~20）μm ×（7~11）μm。

生境：单生或叠生于阔叶林枯枝上。

产地：官山国家级自然保护区，采集时间 2022 年 7 月 7 日和 2022 年 8 月 29 日，凭证标本：G042022070741 和 G042022082929。

分布：江西省，安徽省，福建省，广东省，湖南省，广西壮族自治区，江苏省，云南省，辽宁省，浙江省。

经济价值：食用菌。

赭白畸孢孔菌 *Truncospora ochroleuca*

108 毛蹄干酪菌

Tyromyces galactinus (Berk.) J. Lowe, Mycotaxon 2(1): 17 (1975)

子实体一年生，无柄，半圆形或近扇形，外伸 6~8 cm，宽 5~12 cm，厚 1~2.5 cm，表面白色至黄褐色，具辐射状褶皱，边缘薄，干后稍内卷。菌肉淡黄色。菌管管口白色至黄褐色，角形，5~7 个/mm^2，菌管长 3~8 mm。担孢子椭圆形，透明，薄壁，平滑，（2.5~3.5）μm ×（2~3）μm。

生境：单生或叠生于阔叶林腐木上。

产地：官山国家级自然保护区，采集时间 2021 年 6 月 12 日和 2022 年 8 月 26 日，凭证标本：G042021061222 和 G042022082614。

分布：福建省，江苏省，广东省，北京市。

经济价值：白腐菌。

毛蹄干酪菌 *Tyromyces galactinus*

109 宽被范氏卧孔菌

Vanderbylia fraxinea (Bull.) D.A. Reid, South African Journal of Botany 39(2): 167 (1973)

子实体多年生，无柄，木栓质到木质。菌盖半圆形至蹄形，宽 9 cm，长 7 cm，基部厚 6~8 mm。上表面棕色至赭色，表面无裂纹，具同心皱纹。菌肉奶油色至浅赭色，坚硬，纤维状。菌孔圆形，孔口奶油色至浅赭色，3~5 个/mm^2。担孢子透明，宽椭圆形，（6~8）μm×（5~6.5）μm。

生境：单生于阔叶林红楠枯立木上。

产地：官山国家级自然保护区，采集时间 2022 年 8 月 26 日，凭证标本：G042022082604。

分布：江西省，安徽省，山西省，云南省，北京市，福建省，广东省，江苏省，四川省，浙江省。

经济价值：药用菌。

宽被范氏卧孔菌 *Vanderbylia fraxinea*

110 中国南方趋木菌

Xylobolus austrosinensis S.H. He, Phytotaxa 452(3): 202 (2020)

子实体多年生，粉状，紧密贴生，木栓质，质地坚硬，初期呈小圆形至不规则形子实体原基，之后多个相互融合。子实体表面光滑，白色至橙灰色。担子圆柱形，无色，具4个孢子小梗，（15~20）μm×（2.5~4）μm。担孢子卵形至近球形，无色，薄壁，光滑，（3.5~4.5）μm×（2.8~3.5）μm。

生境：群生于阔叶林倒木上。

产地：官山国家级自然保护区，采集时间2022年8月30日，凭证标本：G042022083020。

分布：安徽省，湖南省，江西省，台湾省。

经济价值：木腐菌。

中国南方趋木菌 *Xylobolus austrosinensis*

111 大趋木菌

Xylobolus princeps (Jungh.) Boidin, Revue de Mycologie (Paris) 23(3): 341 (1958)

子实体多年生，木栓质，菌盖半圆形，外伸可达 2 cm，宽可达 4 cm，基部厚约 2 mm；表面锈褐色至红褐色，具环带和环区；边缘金黄色至黄褐色。子实体背面灰白色至浅灰色，无菌孔，光滑或具瘤状突起。孢子椭圆形至近球形，无色，光滑，直径 3~4 μm。

生境：群生于阔叶林腐木上。

产地：官山国家级自然保护区，采集时间 2022 年 7 月 8 日和 2022 年 8 月 26 日，凭证标本：G042022070862 和 G042022082609。

分布：广西壮族自治区，西藏自治区，浙江省，海南省，广东省，云南省，北京市，四川省，河北省，内蒙古自治区。

经济价值：白腐菌。

大趋木菌 *Xylobolus princeps*

第五章

鸡油菌

Cantharelloid Fungi

112 小鸡油菌

Cantharellus minor Peck, Annual Report on the New York State Museum of Natural History 23: 122 (1872)

菌盖直径 1.3 cm，蛋黄色至橙黄色，表面干燥或微湿，平展，中央浅凹陷，边缘有条纹。菌褶稀，延生，颜色同菌盖或稍浅，不等长。菌柄长 4 cm，粗 0.2 cm，黄色，圆柱形，纤维质，空心。担子圆柱形，长 55~75 μm，具 2~6 个孢子小梗。担孢子椭球形，光滑，（8~11）μm×（5~7）μm。

生境：散生于阔叶地上。

产地：官山国家级自然保护区，采集时间 2023 年 7 月 4 日，凭证标本：G042023070402。

分布：江西省，福建省，西藏自治区，贵州省，湖南省，广东省，湖北省，四川省，安徽省，江苏省，吉林省，河南省，广西壮族自治区，海南省，重庆市，云南省，甘肃省，陕西省，山东省，浙江省，内蒙古自治区，青海省，辽宁省，黑龙江省，山西省。

经济价值：食用菌，药用菌。

小鸡油菌 *Cantharellus minor*

113 鞘状鸡油菌

Cantharellus vaginatus S.C. Shao, X.F. Tian & P.G. Liu, Mycotaxon 116: 438 (2011)

菌盖直径 3.5~6.5 cm，表面干燥至微湿，平展至中央稍凹陷，边缘内卷，中间肉质，边缘近膜质，边缘黄白色至浅黄色，中间灰棕色。菌褶密度中，延生，不等长，具皱纹，黄色。菌柄长 2.5~3 cm，粗 0.6~1 cm，黄色，圆柱形，纤维质，实心。担子棍棒状，（55~68）μm ×（7.5~8.5）μm，具 2~4 个孢子小梗。担孢子椭圆形至长椭圆形，无色，（7~9.5）μm ×（5~8）μm。

生境：群生于阔叶林地上。

产地：官山国家级自然保护区，采集时间 2022 年 7 月 4 日和 2022 年 7 月 9 日，凭证标本：G042022070422 和 G042022070903。

分布：云南省。

经济价值：食用菌。

鞘状鸡油菌 *Cantharellus vaginatus*

第六章

伞　菌

Agarics

114 棕盖蘑菇

Agaricus brunneopileatus Callac & R.L. Zhao, Fungal Diversity 78: 288 (2016)

菌盖直径 8.2~12.7 cm，边缘棕色，中间黑褐色，黏，平展，边缘无条纹，龟裂。菌褶密，离生，肉棕色，不等长，有分叉。菌环膜状，白色。菌柄长 7~11 cm，粗 1.4~2 cm，浅棕色，棒状，脆骨质，空心。担子棒状，光滑，具 4 个孢子小梗，(12.6~18) μm × (6.2~8.8) μm。担孢子椭圆形，红棕色，光滑，(4.9~5.8) μm × (2.5~3.6) μm。

生境：散生于混交林竹间。

产地：官山国家级自然保护区，采集时间 2023 年 5 月 11 日，凭证标本：G042023051134。

分布：云南省。

经济价值：不明。

棕盖蘑菇 *Agaricus brunneopileatus*

115 褐鳞蘑菇

Agaricus brunneosquamulosus Linda J. Chen, R.L. Zhao, K.D. Hyde & Callac, Phytotaxa 192(3): 154 (2015)

菌盖直径 3 cm，饱满肉质，半球形，白色，具褐色鳞片。菌褶密，离生，白色。菌柄中生，高 6.5 cm，粗 0.7 cm，上部稍细，整体呈圆柱形，基部稍微膨胀，受伤后变褐。菌肉白色，受伤后变褐。担孢子深棕色，（7.5~8.5）μm×（4.5~5.4）μm。

生境：单生于阔叶林地上。

产地：官山国家级自然保护区，采集时间 2023 年 7 月 3 日，凭证标本：G042023070310。

分布：我国华南地区。

经济价值：不明。

褐鳞蘑菇 *Agaricus brunneosquamulosus*

116 黄棕盖蘑菇

Agaricus cerinupileus M.Q. He & R.L. Zhao, Scientific Reports 7(5122): 11 (2017)

菌盖直径 6.6 cm，幼时半球形，中央平截，随后圆凸状，最后平展，中央凸出。菌盖边缘多为破损状，也可为平直，表皮延生，具内菌幕残留物。边缘白色，中间棕色，不黏，平展，边缘无条纹，有绒毛。菌褶密，离生，朱白色，等长。菌环膜状，白色。菌柄长 8 cm，粗 1.1 cm，圆柱形，纤维质，实心。菌肉厚 2~8 mm，肉质，白色，成熟的菌盖中央部分为棕色。子实体杏仁味，受伤或切开后变黄。担子棒状，透明，光滑，（13.4~22）μm×（5.4~6.9）μm，具 4 个孢子小梗。担孢子椭圆形至长椭圆形，薄壁，光滑，棕色，（5.5~6.5）μm×（3.5~4.2）μm。

生境： 单生于混交林地上。

产地： 官山国家级自然保护区，采集时间 2022 年 7 月 10 日，凭证标本：G042022071029。

分布： 云南省，四川省。

经济价值： 不明。

黄棕盖蘑菇 *Agaricus cerinupileus*

117 中国林地双环蘑菇

Agaricus sinoplacomyces P. Callac & R.L. Zhao, Phytotaxa 257 (2): 115 (2016)

菌盖直径 8.3 cm，边缘灰色，中间黑色，不黏，平展，边缘无条纹。菌褶密，离生，褐色，不等长。菌柄长 8.5 cm，粗 1 cm，米白色，圆柱形，脆骨质，空心。担子棒状，光滑，透明，（16.3~23）μm ×（5.7~6.8）μm。担孢子肾形，深褐色，光滑，（5.5~6.8）μm ×（3.5~4）μm。

生境：单生于阔叶林地上。

产地：官山国家级自然保护区，采集时间 2023 年 8 月 31 日，凭证标本：G042023083150。

分布：山西省，云南省，吉林省。

经济价值：不明。

中国林地双环蘑菇 *Agaricus sinoplacomyces*

118 云南白柄鹅膏

Amanita albidostipes Y.Y. Cui, Q. Cai & Zhu L. Yang, Fungal Diversity 91: 70 (2018)

菌盖直径 4.5 cm，米白色至淡黄色，黏，幼时钟形，边缘有条纹。菌褶密，离生，米白色，不等长。菌柄长 15 cm，粗 2 cm，米白色，圆柱形，脆骨质，空心。菌托米白色，苞状。担子棒状，具 4 个孢子小梗，（40~55）μm ×（10~16）μm。担孢子球形至近球形，无色，薄壁，光滑，（8.5~13.5）μm ×（7.5~13）μm。

生境：单生于混交林地上。

产地：官山国家级自然保护区，采集时间 2023 年 7 月 1 日，凭证标本：G042023070104。

分布：云南省，海南省，浙江省。

经济价值：不明。

云南白柄鹅膏 *Amanita albidostipes*

119 草鸡枞鹅膏

Amanita caojizong Zhu L. Yang, Y.Y. Cui & Q. Cai, Fungal Diversity 91: 138 (2018)

菌盖直径 11 cm，边缘浅灰色，中间深灰色，不黏，平凸，边缘无条纹。菌褶密，弯生，白色，不等长。菌环丝膜状，白色。菌柄长 13.5 cm，粗 1.5 cm，白色，圆柱形，肉质，实心。菌托灰色，纺锤形。担子棒状，具 4 个孢子小梗，（25~45）μm ×（6~11）μm。担孢子宽椭球体至椭球体，无色，薄壁，光滑，（6~9）μm ×（4.5~6.5）μm。

生境： 单生于阔叶林地上。

产地： 官山国家级自然保护区，采集时间 2023 年 7 月 4 日，凭证标本：G042023070411。

分布： 江西省，云南省，海南省，广东省，浙江省。

经济价值： 食用菌。

草鸡枞鹅膏 *Amanita caojizong*

120 小托柄鹅膏

Amanita nehuta G.S. Ridl., Aust. Syst. Bot. 4(2): 331 (1991)

子实体较小，无菌环。菌托退化仅残留菌柄基部末端，呈暗灰色。菌盖直径 2.3 cm，表面灰褐色至棕灰色，中部多密集灰褐色粉质小鳞片，边缘色淡并有明显条棱，不黏，半球形，边缘无条纹，具疣。菌肉白色。菌褶密，离生，白色，不等长，有分叉。菌柄长 4.2 cm，粗 0.7 cm，灰白色，圆柱形，纤维质，实心。内部松软变空心，基部膨大近球形。担孢子圆形至宽椭圆形，无色，光滑，（6~8）μm ×（5.5~7）μm。

生境：单生于阔叶林地上。

产地：官山国家级自然保护区，采集时间 2022 年 7 月 9 日，凭证标本：G042022070901。

分布：江西省，广西壮族自治区，福建省，西藏自治区，海南省，贵州省，广东省，湖南省，云南省，安徽省，四川省，甘肃省，浙江省，江苏省，河南省。

经济价值：毒菌。

小托柄鹅膏 *Amanita nehuta*

121 灰絮鳞鹅膏菌

Amanita griseofarinosa Hongo, Mem. Fac. Lib. Arts Shiga Univ. 11: 39 (1961)

子实体一般中等。菌盖直径 4.5 cm，深灰色，不黏，半球形，边缘无条纹，表面有粉粒和角锥状鳞片，成熟后部分鳞片脱落。菌肉白色至污白色。菌褶密度中，弯生，米白色，不等长。菌柄长 18 cm，粗 1.1 cm，白色，圆柱形，表面有棉絮状或粉红状鳞片且后期脱落，内部实心，基部膨大成杵形，色浅，仅有菌托残痕。担孢子宽椭圆形、卵圆形或近球形，光滑，无色，（9~12）μm×（8~10）μm。

生境： 单生于阔叶林地上。

产地： 官山国家级自然保护区，采集时间 2023 年 7 月 4 日，凭证标本：G042023070421。

分布： 重庆市，广西壮族自治区，山东省，安徽省，海南省，四川省，西藏自治区。

经济价值： 毒蘑菇，中毒类型为胃肠炎型、神经精神型。

灰絮鳞鹅膏菌 *Amanita griseofarinosa*

122 白黄小脆柄菇

Candolleomyces candolleanus (Fr.) D. Wächt. & A. Melzer, Mycol. Progr. 19(11): 1233 (2020)

菌盖宽 1.5~5.5 cm，宽圆锥形，逐渐凸出；边缘呈波浪形，幼时挂有碎片；表面光滑、湿润，干燥时偶有裂纹，菌盖浅棕色至蜜棕色。菌肉薄，易碎，暗褐色。菌褶直生至弯生，狭窄，紧密，淡灰棕色。菌柄高 3~7 cm，粗 0.3~0.5 cm，圆柱状，有时扭曲，中空，易碎；表面白色，光滑。孢子印深棕色，孢子椭圆形，光滑，（7~9）μm ×（3.5~5）μm。

生境：群生于阔叶林倒木上。

产地：官山国家级自然保护区，采集时间 2022 年 7 月 4 日和 2023 年 9 月 1 日，凭证标本：G042022070405 和 G042023090105。

分布：北京市，浙江省，河南省，海南省。

经济价值：食用菌。

白黄小脆柄菇
Candolleomyces candolleanus

123 近辛格小脆柄菇

Candolleomyces subsingeri (T. Bau & J.Q. Yan) D. Wächt. & A. Melzer, Mycological Progress 19(11): 1234 (2020)

菌盖直径 20 mm，圆锥形，顶端钝圆，新鲜时水浸状，深红褐色，边缘稍淡，无半透明条纹或不明显。菌肉白色，薄，易碎。菌褶密，直生，不等长，淡褐色；边缘齿状，白色。菌柄脆，长 42 mm，粗 3.5 mm，白色，中空，表面具明显纤维状鳞片。孢子印深褐色，味道不明显。担子棒状，(15~22) μm × (7.3~9.8) μm，无色，具 4 个或 2 个孢子小梗。担孢子 (5.8~8.8) μm × (3.9~5) μm，正面观椭圆形至长椭圆形，侧面观稍扁，无色至淡黄色。

生境：单生于混交林地上。

产地：官山国家级自然保护区，采集时间 2023 年 5 月 10 日，凭证标本：G042023051007。

分布：江西省，吉林省，甘肃省，黑龙江省，河南省，四川省，云南省。

经济价值：不明。

近辛格小脆柄菇 *Candolleomyces subsingeri*

124 中华柔软斜盖伞

Clitopilus sinoapalus S.P. Jian & Zhu L. Yang, Mycologia 112(2): 385 (2020)

菌盖直径 1~2 cm，中间白色，不黏，漏斗形。菌褶白色带淡黄色，密，延生，不等长。菌柄偏生，长 2~2.5 cm，粗 0.2 cm，白色，圆柱形，纤维质，实心。担子棍棒状，（16~29）μm×（6~7）μm，具 4 个孢子小梗，长 2.5~3.5 μm。担孢子球形至近球形，（4~6）μm×［3.5~5（5.5）］μm，无色，透明。

生境：散生于阔叶林地上。

产地：官山国家级自然保护区，采集时间 2022 年 7 月 8 日，凭证标本：G042022070804。

分布：云南省，广东省，广西壮族自治区，江西省。

经济价值：不明。

中华柔软斜盖伞 *Clitopilus sinoapalus*

125 双型拟金钱菌

Collybiopsis biformis (Peck) R.H. Petersen, Mycotaxon 136(2): 341 (2021)

菌盖直径 1.4~2.5 cm，幼时凸镜形，成熟时平展形，中部下凹，边缘上卷，幼时淡红褐色，成熟时肉桂褐色，边缘颜色较淡，表面光滑，干燥，具明显的条纹。菌褶密度中，离生，米白色，不等长，有分叉。菌柄长 4.5~5 cm，粗 0.2 cm，纤维质，实心，顶部为淡黄褐色，越往下颜色越深，为淡红褐色，表面具微绒毛，深入基物内。担孢子椭圆形至长椭圆形，光滑，薄壁，(6.2~7.6) μm×(2.5~3.8) μm。

生境：散生于混交林地上。

产地：官山国家级自然保护区，采集时间 2023 年 5 月 10 日，凭证标本：G042023051012。

分布：江西省，吉林省，贵州省，山西省，内蒙古自治区。

经济价值：不明。

双型拟金钱菌 *Collybiopsis biformis*

126 富尔瓦拟金钱菌

Collybiopsis fulva J.S. Kim & Y.W. Lim, MycoKeys 88: 92 (2022)

菌盖直径 5~12 mm，半球形，凸到平展，边缘波浪形，菌盖中间深棕色，边缘橙白色至浅棕色，具明显条纹。菌褶波浪状，白色至黄白色，稀疏，不等长。菌肉薄。菌柄长 15~30 mm，粗可达 1 mm，圆柱形，向基部逐渐加宽，被绒毛，上部橙白色，向基部逐渐呈棕橙色，基部被短绒毛菌丝。担子（22~28.4）μm ×（4.8~7.8）μm，具 4 个孢子小梗，窄棒状，有时收缩或弯曲。担孢子（6.2~9.2）μm ×（3~4.8）μm（平均 7.7 μm × 3.9 μm），长圆形至圆柱形，光滑，无色，非糊精。褶缘囊状体（20~25.2）μm ×（5~6.4）μm。

生境：散生于阔叶林枯枝上。

产地：官山国家级自然保护区，采集时间 2022 年 7 月 11 日，凭证标本：G042022071112。

分布：韩国。

经济价值：不明。

富尔瓦拟金钱菌 *Collybiopsis fulva*

127 韩国拟金钱菌

Collybiopsis koreana (Antonín, Ryoo & H.D. Shin) J.S. Kim & Y.W. Lim, MycoKeys 88: 99 (2022)

菌盖直径 18~35 mm，斗笠形至平展，有些中间略有凹陷，中间棕黄色，具明显沟纹，菌褶稀疏，离生，菌肉薄，菌柄圆柱形，长 18~23 mm，粗 0.8~1 mm，被绒毛，菌柄顶端米黄色至浅棕色，向下逐渐加深，基部有白色绒毛。担子窄棒状，有时收缩或弯曲，具 4 个孢子小梗，（19.4~26）μm×（4~6.2）μm。担孢子（7.2~10）μm×（3.8~5）μm（平均 8.6 μm×4.4 μm），长圆形至圆柱形，光滑，无色，非糊精，有液滴。褶缘囊状体（25~28）μm×（6~7.2）μm，在 5% 氢氧化钾溶液中有褐色沉淀。

生境：群生于阔叶林枯立木上。

产地：官山国家级自然保护区，采集时间 2022 年 7 月 8 日，凭证标本：G042022070849。

分布：韩国。

经济价值：不明。

韩国拟金钱菌 *Collybiopsis koreana*

128 蜡质拟金钱菌

Collybiopsis luxurians (Peck) R.H. Petersen, Mycotaxon 136(2): 342 (2021)

菌盖直径 38~40 mm，斗笠形至锥形，中间凸，中间土黄色，边缘肉粉色至灰白色，不黏，有纤毛，菌褶离生，密，等长，锈褐色，菌柄长 42~45 mm，粗 1~2 mm，米白色，圆柱形，脆骨质，菌柄中空。担子狭棍棒状，通常缢缩，具 4 个孢子小梗，（19.4~24.6）μm ×（3.8~5.8）μm。担孢子（5~7.5）μm ×（3.6~4.8）μm（平均 6.25 μm × 4.4 μm），圆柱形至纺锤形，光滑，透明，非糊精状。柄生囊状体（18.2~58）μm ×（6.2~10）μm，狭球形，有时棒状，有喙先端。侧生囊状体缺失。

生境：散生于竹林腐木上。

产地：官山国家级自然保护区，采集时间 2022 年 7 月 11 日，凭证标本：G042022071101。

分布：云南省。

经济价值：不明。

蜡质拟金钱菌 *Collybiopsis luxurians*

129 梅尼胡内拟金钱菌

Collybiopsis menehune (Desjardin, Halling & Hemmes) R.H. Petersen, Mycotaxon 136 (2): 343 (2021)

菌盖直径 25~34 mm，边缘浅棕色，中间深棕色，不黏，平展，有条纹。菌褶密，离生，米白色，不等长。菌柄长 28~50 mm，粗 1~2 mm，圆柱形，纤维质，空心。担子（18.8~22）μm×（2~3.2）μm，在 5% 氢氧化钾溶液中有褐色沉淀。担孢子（7.5~9.5）μm×（3.5~4.2）μm（平均 7.5 μm×3.85 μm），圆柱形至纺锤形，光滑，透明，非糊精状。褶缘囊状体（20~32）μm×（4~7）μm，柄生囊状体（16~67）μm×（3~5）μm。

生境：散生于阔叶林地上。

产地：官山国家级自然保护区，采集时间 2023 年 8 月 30 日和 2023 年 9 月 1 日，凭证标本：G042023083018 和 G042023090104。

分布：韩国，美国夏威夷，印度，印度尼西亚巴厘岛。

经济价值：毒菌。

梅尼胡内拟金钱菌 *Collybiopsis menehune*

130 东方缺裸拟金钱菌

Collybiopsis orientisubnuda J.S. Kim & Y. W. Lim, Mycokeys 88: 94 (2022)

菌盖直径 20~32 mm，钟形至平展，中间略凸，有时近伞形，表面光滑，中间浅棕橙色，往外颜色逐渐变浅，呈灰白色，具明显条纹，菌褶稀疏，不等长，弯生，菌褶浅黄色至橙白色。菌肉薄，米白色。菌柄长 55~65 mm，粗 1~2 mm，近圆柱形至纺锤形，被绒毛，常扭曲，纤维质，实心，灰橙色至棕橙色，至基部逐渐变浅且变薄。担子狭棍棒状，通常缢缩，具 4 个孢子小梗，（19.8~28.7）μm ×（3.7~7.3）μm。担孢子圆柱形至纺锤形，（5.6~9）μm ×（1.8~3）μm（平均 7.3 μm × 2.4 μm），光滑，透明，非糊精状，有液滴。褶缘囊状体（21~33.3）μm ×（4.7~8.2）μm，浅裂，棍棒状，稍呈球形开柄，有时收缩或有喙尖。柄生囊状体（24.7~52.3）μm ×（5.1~9.1）μm，狭球形，有时棒状，有喙先端。

生境： 散生于阔叶林枯枝上。

产地： 官山国家级自然保护区，采集时间 2023 年 8 月 30 日，凭证标本：G042023083026。

分布： 韩国。

经济价值： 不明。

东方缺裸拟金钱菌 *Collybiopsis orientisubnuda*

131 盾状拟金钱菌

Collybiopsis peronata (Bolton) R.H. Petersen, Mycotaxon 136(2): 343 (2021)

子实体小至中等。菌盖扁半球形至平展，直径 2.5~6 cm，菌盖赭色、浅黄褐色或褐色，有的中部色深。中部乳突状，表面干，边缘具条纹。菌褶初期浅黄色，后肉桂色，较稀，不等长，离生。菌柄细，长 3~7.5 cm，粗 0.3~0.8 cm，近圆柱形，基部稍粗，具白色菌丝，近盖色，实心，具细绒毛。菌肉薄，革质，气味柔和。担孢子椭圆形至近圆柱形，光滑，（8.5~10）μm×（3~4）μm。

生境：散生于阔叶林倒木上。

产地：官山国家级自然保护区，采集时间 2021 年 6 月 12 日，凭证标本：G042021061211。

分布：江西省，陕西省，山东省，内蒙古自治区，吉林省，湖北省，辽宁省，黑龙江省，贵州省。

经济价值：毒菌。

盾状拟金钱菌 *Gollybiopsis peronata*

132 多纹拟金钱菌

Collybiopsis polygramma (Mont.) R.H. Petersen, Mycotaxon 136(2): 344 (2021)

菌盖直径 18~50 mm，钟形至半球形，肉桂色至浅棕色，菌盖不黏，具条纹。菌褶离生，密度中。菌柄长 34~109 mm，粗 2~3 mm，圆柱状，纤维质，空心，菌柄灰色。担子（18.2~22）μm ×（4~6.4）μm，具 4 个孢子小梗，狭棍棒状，通常缢缩。担孢子（5~9）μm ×（2.8~5）μm（平均 7 μm × 3.9 μm），圆柱形至纺锤形，光滑，透明，非糊精状。褶缘囊状体狭棍棒状。

生境：群生于阔叶林腐木上。

产地：官山国家级自然保护区，采集时间 2022 年 7 月 13 日，凭证标本：G042022071314。

分布：云南省。

经济价值：毒菌。

多纹拟金钱菌 *Collybiopsis polygramma*

133 波纹拟金钱菌

Collybiopsis undulata J.S. Kim & Y.W. Lim, MycoKeys 88: 97 (2022)

菌盖直径 19 mm，平展，中间略凹，边缘波浪形，轻微不规则起伏，有浅裂，表面湿润，中间褐色，往外颜色逐渐变浅，边缘乳白色，具明显条纹，菌褶中至密，不等长，离生，菌褶淡黄色至米白色。菌肉薄，米白色。菌柄长 41 mm，粗 1 mm，圆柱形，被绒毛，中空，表面光滑，基部深棕色，至先端颜色逐渐变浅。担子圆柱形、狭棒状至球形，具 4 个孢子小梗，（15~22）μm×（3.5~6.5）μm。担孢子圆柱形，光滑，透明，（5.6~9.5）μm×（2~3.4）μm。褶缘囊状体近圆柱形至宽棒状，（16.5~28）μm×（4.8~8）μm。

生境：单生于阔叶林地上。

产地：官山国家级自然保护区，采集时间 2022 年 7 月 6 日，凭证标本：G042022070640。

分布：韩国（模式种）；中国浙江省。

经济价值：不明。

波纹拟金钱菌 *Collybiopsis undulata*

134 白小鬼伞

Coprinellus disseminatus (Pers.) J.E. Lange, Dansk Bot. Ark. 9(6): 93 (1938)

担子果小型。菌盖直径 0.8~1 cm，圆锥形或斗笠形，菌盖白色，逐渐灰褐色，具半透明细小粉末，边缘具条纹。菌肉薄，灰白色。菌褶密度中，离生，深灰色，不等长。菌柄长 2.5 cm，粗 0.1 cm，白色，圆柱形，脆骨质，空心，半透明色，基部具白色绒毛。担子（14~24）μm×（7~10）μm。担孢子（7.9~10）μm×（4.5~6）μm，杏仁形或钟形，光滑，水中红褐色，芽孔中生，直径 1.5~2 μm。

生境： 丛生于阔叶林倒木上。

产地： 官山国家级自然保护区，采集时间 2023 年 8 月 31 日和 2023 年 9 月 1 日，凭证标本：G042023083130 和 G042023090111。

分布： 江西省，广西壮族自治区，山东省，福建省，贵州省，内蒙古自治区。

经济价值： 毒菌。

白小鬼伞 *Coprinellus disseminatus*

135 庭院小鬼伞

Coprinellus xanthothrix (Romagn.) Vilgalys, Hopple & Jacq. Johnson, Taxon 50(1): 235 (2001)

菌盖直径 2.5 cm，边缘米白色，中间米黄色，黏，钟形，边缘有条纹。菌褶密，直生，灰色，不等长。菌柄长 5.5 cm，粗 0.6 cm，米白色，圆柱形，脆骨质，空心。担子（14.2~30.5）μm×（4.0~10.5）μm，棒状，光滑，无色。担孢子（8.5~10.5）μm×（4.3~5.1）μm，黄褐色，光滑，椭圆形。

生境：单生于混交林地上。

产地：官山国家级自然保护区，采集时间 2023 年 5 月 10 日，凭证标本：G042023051010。

分布：内蒙古自治区，贵州省，甘肃省，北京市，陕西省，广西壮族自治区，四川省，山西省，吉林省，青海省，湖北省。

经济价值：不明。

庭院小鬼伞 *Coprinellus xanthothrix*

136 白斑鬼伞

Coprinus leucostictus Pat., Bull. Soc. Mycol. Fr. 33: 61 (1917)

菌盖直径 2.8 cm，边缘浅色，中间深褐色，表面干燥，钝圆锥形，边缘有条纹。菌褶密，离生，深灰色，等长。菌柄长 9.5 cm，宽 0.3 cm，白色，圆柱形，中生，纤维质，空心。担子（13~32）μm ×（9.5~13）μm，棒状至宽棒状，具 4 个孢子小梗，偶尔具 2 个或 3 个孢子小梗。孢子印黑色，担孢子（9~13.5）μm ×（5~7.5）μm，椭圆形或卵圆形。褶缘囊状体（12~50）μm ×（8~40）μm，棍棒状，薄壁，透明。

生境：单生于阔叶林枯枝落叶层。

产地：官山国家级自然保护区，采集时间 2022 年 7 月 8 日和 2022 年 7 月 9 日，凭证标本：G042022070835 和 G042022070908。

分布：安徽省，福建省，江西省，浙江省。

经济价值：不明。

白斑鬼伞 *Coprinus leucostictus*

137 铬黄靴耳

Crepidotus crocophyllus (Berk.) Sacc., Sylloge Fungorum 5: 886 (1887)

子实体小，菌盖直径 2.2~2.5 cm，半圆形至扇形，黄白色，表面密被褐色毛状小鳞片，基部密集污白色细毛，边缘内卷。菌肉白色，靠近基部较厚。菌褶密度中，土黄色，不等长。无菌柄。担子圆柱形至棍棒形，具 4 个孢子小梗，（23~28）μm ×（5~7）μm。担孢子球形，在 5% 氢氧化钾溶液中呈褐黄色，具细小疣，4.5~8.7 μm。

生境： 散生于混交林腐木上。

产地： 官山国家级自然保护区，采集时间 2023 年 5 月 10 日，凭证标本：G042023051006。

分布： 江西省，安徽省，吉林省，黑龙江省，辽宁省，云南省，四川省，青海省，江苏省，甘肃省，贵州省，湖北省。

经济价值： 不明。

铬黄靴耳 *Crepidotus crocophyllus*

138 黄褐靴耳

Crepidotus flavobrunneus A.M. Kumar & C.K. Pradeep, Mycological Progress 21(1): 318 (2022)

菌盖小，直径 1.8~2.3 cm，奶油色至棕橙色，不黏，平凸至扁平，扇形、半圆形或匙形；表面密被放射状的褐色毛状小鳞片。无菌柄。菌褶密度中，离生，奶白色，不等长，有分叉。担子长棒状，具 4 个孢子小梗，（25.5~32）μm ×（8~8.8）μm。孢子印棕色，担孢子褐黄色，具细小疣，球形，5.5~6.5 μm。

生境：群生于阔叶林腐木上。

产地：官山国家级自然保护区，采集时间 2022 年 7 月 4 日，凭证标本：G042022070427。

分布：陕西省。

经济价值：不明。

黄褐靴耳 *Crepidotus flavobrunneus*

139 帕洛德靴耳

Crepidotus palodensis C.K. Pradeep & A.M. Kumar, Phytotaxa 372(1): 74 (2018)

菌盖扇形，无柄，直径 0.3~1 cm，白色至棕橙色，平展，不黏，边缘无条纹。菌褶密度中，白色，不等长。担子短棒状，具 4 个孢子小梗，（18~21）μm ×（8~9）μm。担孢子圆柱形，两端稍尖，（8~10.5）μm ×（4~5）μm。褶缘囊状体多棒状至圆柱棒状，顶端钝，（16~44）μm ×（7~9.5）μm。

生境：群生于阔叶林倒木上。

产地：官山国家级自然保护区，采集时间 2022 年 7 月 4 日、2022 年 7 月 6 日和 2022 年 7 月 10 日，凭证标本：G042022070415、G042022070601 和 G042022071003。

分布：印度。

经济价值：不明。

帕洛德靴耳 *Crepidotus palodensis*

140 黏叶树靴耳

Crepidotus viscidiphyllus Hesler, Beihefte zur Nova Hedwigia 51: 135 (1975)

菌盖直径 1.2-1.5 cm，边缘白色，中间灰色，黏，扇形，边缘无条纹。菌褶密，不等长。担子棍棒状，具 2 个孢子小梗，（30~44）μm×（3.5~5）μm。担孢子卵圆形至椭圆形，褐色，（5~7）μm×（3~5）μm。褶缘囊状体长棍棒状，（31~65）μm×（5~7）μm。

生境：群生于阔叶林地上。

产地：官山国家级自然保护区，采集时间 2023 年 5 月 13 日，凭证标本：G042023051307。

分布：浙江省。

经济价值：不明。

粘叶树靴耳 *Crepidotus viscidiphyllus*

141 淡褐盖毛皮伞

Crinipellis pallidipilus Antonín, R. Ryoo & K.H. Ka, Phytotaxa 170(2): 94 (2014)

菌盖直径 0.5~1 cm，边缘白色，中间褐色，不黏，半球形至平圆锥形，边缘无条纹。菌褶密度中，离生，米白色，不等长。菌柄表面具细毛，长 0.5~1 cm，粗 0.1 cm，金棕色，圆柱形，脆骨质，实心。担子棍棒状，具 4 个孢子小梗，（27~35）μm×（8.5~11）μm。担孢子椭圆形，（8~10）μm×（5~6）μm。褶缘囊状体圆柱形，（12~19）μm×（5.5~8）μm，顶端具突起。

生境：散生于混交林枯叶上。

产地：官山国家级自然保护区，采集时间 2022 年 7 月 8 日，凭证标本：G042022070854。

分布：江西省。

经济价值：不明。

淡褐盖毛皮伞 *Crinipellis pallidipilus*

142 毛皮伞

Crinipellis scabella (Alb. & Schwein.) Murrill, N. Amer. Flora 9(4): 287 (1915)

菌盖直径 0.5~1 cm，边缘浅黄色，中间深褐色，不黏，平展，边缘有条纹。菌褶密度中，离生，白色，不等长。菌柄长 0.1~1.3 cm，粗 0.1 cm，棕色，圆柱形，脆骨质，实心。担孢子椭圆形，（6~7.5）μm×（3.5~4）μm。

生境：散生于混交林枯枝上。

产地：官山国家级自然保护区，采集时间 2022 年 7 月 7 日，凭证标本：G042022070748。

分布：吉林省，云南省，浙江省，四川省，湖北省，广西壮族自治区，贵州省，辽宁省，江西省。

经济价值：食用菌。

毛皮伞 *Crinipellis scabella*

143 粗糙鳞盖菇

Cyptotrama asprata (Berk.) Redhead & Ginns, Canadian Journal of Botany 58(6): 731 (1980)

子实体橙黄色、柠檬黄色或金黄色。菌盖直径 1.5 cm，半球形或扁半球形，至近平展，表面粗糙，有近直立似角锥状小鳞片，后期部分鳞片脱落，边缘内卷。菌肉较薄，白色，近表皮处黄色，无明显气味。菌褶密度中，离生，白色，有分叉。菌柄长 0.6 cm，粗 0.2 cm，浅黄色，圆柱形，内部实心至松软，具明显的鳞片，基部膨大。担子棒状，具 2~4 个孢子小梗。孢子宽椭圆形或卵圆形，光滑，无色，含 1 个大油滴，（7~10）μm×（5~7）μm。

生境： 单生于阔叶林腐木上。

产地： 官山国家级自然保护区，采集时间 2023 年 5 月 12 日和 2023 年 7 月 3 日，凭证标本：G042023051220 和 G042023070323。

分布： 广西壮族自治区，甘肃省，福建省，海南省，重庆市，湖南省，湖北省，广东省，云南省，四川省，江西省。

经济价值： 食用菌。

粗糙鳞盖菇 *Cyptotrama asprata*

144 光盖金褴伞

Cyptotrama glabra Zhu L. Yang & J. Qin, Fungal Biology 120: 518 (2016)

菌盖直径 4.4 cm，边缘赭黄色，中间肉桂色，平展，边缘有条纹。菌褶密度中，离生，米黄色，不等长。菌柄长 4.1 cm，粗 0.3 cm，淡黄色，圆柱形，纤维质，空心。担子棒状，具 4 个孢子小梗，（35~40）μm×（7~8.5）μm。担孢子圆柱形，光滑，（9~12）μm×（4.5~6.5）μm。褶缘囊状体棒状，（20~40）μm×（9~25）μm。

生境：单生于混交林腐木上。

产地：官山国家级自然保护区，采集时间 2022 年 7 月 10 日，凭证标本：G042022071017。

分布：云南省，海南省，广东省，广西壮族自治区，贵州省。

经济价值：不明。

光盖金褴伞 *Cyptotrama glabra*

145 喜粪生黄囊菇

Deconica coprophila (Bull.) P. Karst., Bidr. Känn. Finl. Nat. Folk 32: 515 (1879)

菌盖 1~3 cm，菌盖钟形至平展，灰色至棕色，潮湿时表面黏。菌褶直生或延生，密度中，紫棕色。菌柄长 2~5 cm，粗 0.2~0.3 cm，白色至暗黄棕色。孢子印紫褐色，担孢子椭圆形，光滑，（11~14）μm ×（7~9）μm。

生境： 散生于阔叶林腐木上。

产地： 官山国家级自然保护区，采集时间 2022 年 7 月 7 日，凭证标本：G042022070761。

分布： 甘肃省，新疆维吾尔自治区，西藏自治区，内蒙古自治区，广东省，吉林省，宁夏回族自治区，黑龙江省，湖南省，广西壮族自治区，安徽省，云南省，重庆市，江西省。

经济价值： 毒菌。

喜粪生黄囊菇 *Deconica coprophila*

146 锐鳞棘皮菌

Echinoderma asperum (Pers.) Bon, Docums Mycol. 21(no. 82): 62 (1991)

菌盖直径 5.9 cm，斗笠形至近平展，污白色至黄褐色，被锥状或颗粒状深色鳞片。菌肉白色，肉质。菌褶密，离生，污白色，不等长。菌柄长 8.7 cm，粗 0.9 cm，菌环以上污白色，菌环以下被浅褐色、易脱落鳞片。菌环上位，膜质。担子（16~20.5）μm ×（5~7）μm，棒状，光滑，透明。担孢子（5.5~7.5）μm ×（2~3）μm，窄椭圆形，无色，光滑，拟糊精质。

生境：单生于阔叶林腐木上。

产地：官山国家级自然保护区，采集时间 2022 年 7 月 9 日，凭证标本：G042022070926。

分布：甘肃省，贵州省，重庆市，江西省，江苏省，湖北省，云南省，吉林省，黑龙江省，四川省，安徽省。

经济价值：毒菌。

锐鳞棘皮菌 *Echinoderma asperum*

147 近江粉褶蕈

Entoloma omiense (Hongo) E. Horak, Trans. Mycol. Soc. Japan 27(1): 72 (1986)

菌盖直径 0.8 cm，灰色，不黏，斗笠形，边缘无条纹，初为圆锥形，后斗笠形或近平展形，中部有突起，颜色较深，灰黄色、黄褐色，具明显条纹，光滑，边缘整齐。菌肉薄，白色或淡黄色，无明显气味。菌褶密，离生，白色，不等长。菌柄长 1.2 cm，粗 0.3 cm，米白色，圆柱形，纤维质，实心。担子长 24~48.5 μm，宽 11.5~12 μm，棒状。担孢子球形至近球形，光滑，（10~13）μm ×（9~12）μm。

生境： 单生于混交林地上。

产地： 官山国家级自然保护区，采集时间 2022 年 7 月 11 日和 2023 年 8 月 31 日，凭证标本：G042022071123、G042023083106 和 G042023083139。

分布： 浙江省，江西省，台湾省，香港特别行政区，陕西省，四川省，云南省，湖北省，广东省，贵州省。

经济价值： 毒菌。

近江粉褶蕈 *Entoloma omiense*

148 极细粉褶蕈

Entoloma praegracile Xiao Lan He & T. H. Li, Mycotaxon 116: 416 (2011)

菌盖直径 0.4~1.8 cm，白色，中间蜡黄色，不黏，斗笠形，边缘有条纹。菌褶密度中，离生，不等长，易碎，朱白色至粉红色。菌柄长 1.5~7.3 cm，粗 0.1~0.2 cm，橙黄色，圆柱形，脆骨质，空心，基部具有白色绒状菌丝。担子近棍状，（23~35）μm ×（10~12.5）μm。担孢子具 5~7 个角，（8~10.5）μm ×（6.5~8.5）μm。

生境：群生于阔叶林腐木上。

产地：官山国家级自然保护区，采集时间 2022 年 7 月 6 日和 2023 年 8 月 31 日，凭证标本：G042022070633 和 G042023083165。

分布：江西省，贵州省，广东省，重庆市，湖北省，湖南省。

经济价值：毒菌。

极细粉褶蕈 *Entoloma praegracile*

149 方形粉褶蕈

Entoloma quadratum (Berk. & M.A. Curtis) E. Horak, Sydowia 28(1~6): 190 (1976)

菌盖直径 1.1 cm，橙红色，黏，半球形，边缘有条纹，中心具尖突。菌褶密，弯生，橙红色，不等长。菌柄长 2.9 cm，粗 0.3 cm，颜色由橙黄色向白色渐变，圆柱形，肉质，空心，基部具白色菌丝体。担孢子长 8~10 μm，长方体，侧面呈方形，透明。

生境：单生于阔叶林地上。

产地：官山国家级自然保护区，采集时间 2022 年 7 月 10 日，凭证标本：G042022071026。

分布：江西省，广西壮族自治区，福建省，浙江省，海南省，广东省，台湾省。

经济价值：毒菌。

方形粉褶蕈 *Entoloma quadratum*

150 异囊盗孢伞

Galerina clavata (Velen.) Kühner, Encyclop. Mycol. 7: 222 (1935)

菌盖直径 1.1~1.2 cm，钝圆锥形或钟形，淡黄色至淡黄褐色，中心肉桂色，边缘有透明状条纹。菌肉薄，乳白色。菌褶密度中，弯生，浅黄色，不等长。菌柄长 3~4 cm，粗 0.1 cm，浅黄色，圆柱形，脆骨质，空心，基部具少量白色菌丝。担子（22~27）μm×（7~10）μm，具 4 个孢子小梗。担孢子长椭圆形，（9.7~12.2）μm×（6.9~8.1）μm，在 5% 氢氧化钾溶液中呈浅肉桂色。

生境：散生于阔叶林地上。

产地：官山国家级自然保护区，采集时间 2023 年 5 月 13 日，凭证标本：G042023051334。

分布：山东省，西藏自治区，广东省，内蒙古自治区，吉林省，黑龙江省，宁夏回族自治区，云南省，山西省。

经济价值：毒菌。

异囊盗孢伞 *Galerina clavata*

151 带形盔孢伞

Galerina vittiformis (Fr.) Singer, Trudy Botanicheskogo Instituta im. V.L. Komarova 6: 472 (1950)

子实体常较小，菌盖直径 0.7~1.1 cm，黄褐色，不黏，圆锥形或钟形，有时中间有脐状突起，菌盖具由中心向四周的放射状条纹。菌褶黄褐色，全缘，密度中，直生。菌柄长 4.5~6.5 cm，粗 0.1 cm，红褐色，圆柱形，空心。担孢子（9~12）μm ×（5.5~7）μm，卵圆形至椭圆形，表面具有细疣状突起。

生境：散生于阔叶林地上。

产地：官山国家级自然保护区，采集时间 2023 年 5 月 11 日，凭证标本：G042023051115。

分布：浙江省，西藏自治区，贵州省，湖北省，内蒙古自治区、吉林省、黑龙江省、四川省，江西省。

经济价值：毒菌。

带形盔孢伞 *Galerina vittiformis*

152 林地老伞

Gerronema nemorale Har. Takah., Mycoscience 41(1): 16 (2000)

菌盖 0.6~1.5 cm，初期半球形，后中心凹陷呈脐状，具明显条纹，深黄色至灰绿色，幼时有绒毛，成熟后光滑。菌褶淡黄色，密度中。菌柄长 2~3 cm，粗 15~25 mm，基部稍微变粗，中空，淡黄色，基部具白色菌丝。担子具 4 个孢子小梗。担孢子（8.5~10）μm ×（5~6）μm，宽椭圆形，光滑，透明。褶缘囊状体不规则圆柱形或较窄。

生境：群生于阔叶林腐木上。

产地：官山国家级自然保护区，采集时间 2022 年 8 月 30 日，凭证标本：G042022083018。

分布：贵州省，辽宁省，江西省。

经济价值：不明。

林地老伞 *Gerronema nemorale*

153 紫裸脚伞

Gymnopus iodes J.P. Li, Chang-Tian Li, Chun Y. Deng & Yu Li, Journal of Fungi 8(4, no. 398): 7 (2022)

子实体单生。菌盖直径 9.4~21.1 mm，凸形至平凸形，灰红色至淡紫色。菌褶顶部微凹，紫灰色至淡灰红色。菌柄长 16.8~54.2 mm，菌柄中部宽 1~1.7 mm，被近白色绒毛，灰红色至淡红紫色，有大蒜气味。担子（18.5~29）μm×（4.5~6）μm，拟担子（21~28）μm×（5~7.5）μm。担孢子（5.5~8.5）μm×（3~4.5）μm，椭圆形。

生境：单生于阔叶林倒木上。

产地：官山国家级自然保护区，采集时间 2022 年 8 月 29 日，凭证标本：G042022082933。

分布：辽宁省，贵州省，西藏自治区。

经济价值：不明。

紫裸脚伞 *Gymnopus iodes*

154 新短柄裸脚伞

Gymnopus neobrevipes R.H. Petersen, MycoKeys 45: 2 (2019)

子实体小型，菌盖直径 1~1.5 cm，非常薄且柔韧，焦棕色、木棕色至粉红肉桂色，不黏，平凸至贝壳状，边缘波浪状，菌盖中心具明显的沟纹。菌褶稀，离生，肉桂色，不等长，有分叉。菌柄长 0.2 cm，粗 0.1 cm，黑褐色，实心。担子棍棒状，（24~27）μm ×（7~9）μm，具 4 个孢子小梗。担孢子椭圆形，正面扁平，光滑，薄壁，（6.5~9）μm ×（3.5~4.5）μm。

生境：群生于阔叶林腐木上。

产地：官山国家级自然保护区，采集时间 2023 年 3 月 15 日，凭证标本：G042023031516。

分布：甘肃省，海南省。

经济价值：不明。

新短柄裸脚伞 *Gymnopus neobrevipes*

155 华丽海氏菇

Heinemannomyces splendidissimus Watling, Belgian Journal of Botany 131(2): 135 (1999)

菌盖平展，直径 3.5~4.5 cm，灰红色，表面被平伏的毡状绒毛，边缘有菌幕残片，下皮层白色。菌肉白色，伤变红。菌褶灰蓝色或铅灰色，后期变为黑色，直生，密。菌柄圆柱形，脆骨质，空心，（3.8~5.5）cm ×（0.5~0.8）cm。菌环上位，绒毛状，菌环以上较细，乳黄色至橄榄褐色，后期因散落孢子而呈灰色，被丛生的绒毛；菌环以下颜色与菌盖相近，灰红色，被毡状绒毛。担孢子椭圆形或卵圆形，光滑，厚壁，（6~8）μm ×（3.6~4.5）μm。

生境： 单生于阔叶林地上。

产地： 官山国家级自然保护区，采集时间 2023 年 7 月 3 日，凭证标本：G042023070329。

分布： 江西省，广东省，海南省，云南省。

经济价值： 不明。

华丽海氏菇 *Heinemannomyces splendidissimus*

156 鸡油湿伞

Hygrocybe cantharellus (Schwein.) Murrill, Mycologia 3(4): 196 (1911)

子实体单生或群生，小型，菌盖直径 0.6 cm，红色，不黏，平展，边缘无条纹。菌褶稀，离生，不等长，有分叉，白色。菌柄长 1.8 cm，粗 0.1 cm，红色，圆柱形，往往稍扁或扭曲，纤维质，空心，基部色浅呈黄色，内部松软。担孢子卵圆形至椭圆形，光滑，无色，（6.5~10）μm ×（5~6）μm。

生境：单生于阔叶林地上。

产地：官山国家级自然保护区，采集时间 2022 年 7 月 6 日，凭证标本：G042022070636。

分布：江西省，福建省，西藏自治区，贵州省，湖南省，云南省，香港特别行政区，安徽省，四川省，江苏省，内蒙古自治区，青海省，吉林省，黑龙江省，山西省。

经济价值：食用菌，药用菌。

鸡油湿伞 *Hygrocybe cantharellus*

157 粉粒红蜡伞

Hygrocybe helobia (Arnolds) Bon, Documents Mycologiques 6(24): 43 (1976)

菌盖干燥且被有尖鳞，直径 0.8~2.5 cm，中央凸出或扁平，有时具稍微凹陷的中心，猩红色至血红色。菌褶橙红色，不等长，直生至稍延生，宽而较稀。担子长圆柱状，具 4 个孢子小梗，（35~43）μm ×（7.1~9.3）μm。孢子印白色，担孢子无色至淡黄色，光滑，有的略有小疣，椭圆形，（8.5~12.7）μm ×（5.3~7.2）μm。

生境： 散生于竹阔混交林地中。

产地： 官山国家级自然保护区，采集时间 2022 年 7 月 11 日，凭证标本：G042022071121。

分布： 广西壮族自治区，西藏自治区，云南省，黑龙江省，四川省，浙江省。

经济价值： 不明。

粉粒红蜡伞
Hygrocybe helobia

158 水疱状丝盖伞

Inocybe hydrocybiformis (Corner & E. Horak) Garrido, Bibliotheca Mycologica 120: 176 (1988)

子实体小型，菌盖直径 10~14 mm，幼时呈圆锥形，之后变成圆锥凸形或宽钟形，边缘翘起，黄色至黄棕色，条纹不透明，边缘有褶皱条纹，轻微裂变。菌褶弯生至离生，黄棕色或浅棕色，边缘脆化。柄中生，（9~35）mm×（1~2）mm，圆柱状，向基部弯曲，软骨质，实心，棕色，表面具灰黄色毛状原纤维，气味和味道不明显。担子棍棒状，薄壁，具 4 个孢子小梗，（26~37）μm×（10~15）μm。担孢子近圆形，具刺突，淡黄棕色，（10~13）μm×（9~12）μm。

生境：散生于阔叶林地上。

产地：官山国家级自然保护区，采集时间 2022 年 7 月 8 日，凭证标本：G042022070863。

分布：新加坡，印度。

经济价值：不明。

水疱状丝盖伞 *Inocybe hydrocybiformis*

159 拟枪丝盖伞

Inocybe subradiata Murrill, Quarterly Journal of the Florida Academy of Science 8(2): 191 (1945)

菌盖直径 3.5 cm，边缘浅黄色，中间深褐色，不黏，平展，具细鳞片，边缘有条纹。菌褶密度中，弯生，浅灰色，不等长。菌柄长 6 cm，粗 0.3 cm，黄褐色，圆柱形，基部圆头状，纤维质，空心。担孢子（9~11）µm ×（7~10）µm。

生境： 单生于阔叶林地上。

产地： 官山国家级自然保护区，采集时间 2022 年 7 月 4 日，凭证标本：G042022070408。

分布： 北美。

经济价值： 毒菌。

拟枪丝盖伞 *Inocybe subradiata*

160 粗鳞歧盖伞

Inosperma calamistratum (Fr.) Matheny & Esteve-Rav., Mycologia 112(1): 94 (2019)

子实体散生。菌盖直径 1.5 cm，深褐色，不黏，半球形，密生翘起的鳞片，不开裂，边缘无条纹。菌褶密度中，离生，黄褐色，不等长。菌柄长 3.2 cm，粗 0.35 cm，深褐色，圆柱形，纤维质，空心，有绒毛。孢子不等边椭圆形或近肾形，光滑，淡锈色，（9~11）μm ×（4.5~5.5）μm。

生境：散生于阔叶林地上。

产地：官山国家级自然保护区，采集时间 2022 年 7 月 4 日，凭证标本：G042022070431。

分布：江西省，广西壮族自治区，福建省，西藏自治区，广东省，湖南省，云南省，四川省，安徽省，甘肃省，浙江省，内蒙古自治区，台湾省，吉林省，宁夏回族自治区，黑龙江省，河南省。

经济价值：毒菌。

粗鳞歧盖伞 *Inosperma calamistratum*

161 赭紫蜡蘑

Laccaria ochropurpurea (Berk.) Peck, Annual Report on the New York State Museum of Natural History 48: 275 (1897)

菌盖直径 1.4~1.6 cm，淡紫棕色至浅黄色或接近白色，不黏，平展，边缘均匀，无内卷和条纹。菌褶密度中，直生或近直生，蜡质，紫色，不等长。菌柄长 3.4 cm，粗 0.2 cm，灰白色，圆柱形，有粗毛，基部淡紫色且具菌丝。菌褶直生或近直生，蜡质，深紫色。担子多具 4 个孢子小梗，很少具 2 个。担孢子（7~9）μm×（7~9）μm，近球形至球形，表面具刺。褶缘囊状体圆柱形、近棍棒状或近头状，（25~65）μm×（2.5~9）μm。

生境： 散生于阔叶林地上。

产地： 官山国家级自然保护区，采集时间 2022 年 7 月 9 日，凭证标本：G042022070920。

分布： 湖北省，青海省，甘肃省，西藏自治区，四川省。

经济价值： 菌根菌。

赭紫蜡蘑 *Laccaria ochropurpurea*

162 条柄蜡蘑

Laccaria proxima (Boud.) Pat., Hyménomyc. Eur. (Paris): 97 (1887)

菌盖直径 0.6~0.8 cm，边缘浅黄色，中间棕黄色，不黏，半球形，边缘有条纹。菌褶密度中，离生，米黄色，不等长。菌柄长 2.5~4 cm，粗 0.1~0.2 cm，浅黄色，圆柱形，脆骨质，空心。担孢子球形，直径 7.5~10 μm，无色，表面具明显小刺。

生境：散生于阔叶林中。

产地：官山国家级自然保护区，采集时间 2023 年 5 月 13 日，凭证标本：G042023051330。

分布：江西省，福建省，西藏自治区，贵州省，上海市，广东省，湖南省，湖北省，安徽省，四川省，新疆维吾尔自治区，江苏省，吉林省，河北省，河南省，广西壮族自治区，海南省，云南省，北京市，甘肃省，陕西省，山东省，浙江省，内蒙古自治区，青海省，辽宁省，黑龙江省，山西省。

经济价值：食用菌，药用菌，菌根菌。

条柄蜡蘑 *Laccaria proxima*

163 酒红蜡蘑

Laccaria vinaceoavellanea Hongo, Memoirs of Shiga University 21: 62 (1971)

菌盖直径 4~6.5 cm，初期半球形，后渐平展，中央凹陷，浅肉褐色，表面具纤鳞，边缘具粗条纹，水渍状，缺刻型。菌肉薄，肉粉色，气味温和，无味道。菌褶延生，密度中，不等长，肉粉色至浅黄褐色。菌柄中生，长 3.5~5 cm，粗 0.3~0.5 cm，棕色，圆柱形，肉质，实心，等长或底部稍粗，具纤维状纵向条纹，表面具纤鳞，菌柄基部菌丝体白色，较少。担孢子球形，无色，表面具小刺，6~8 μm。

生境：散生于阔叶林地上。

产地：官山国家级自然保护区，采集时间 2023 年 8 月 31 日，凭证标本：G042023083133。

分布：甘肃省，陕西省，福建省，内蒙古自治区，云南省，辽宁省，吉林省，四川省，江西省。

经济价值：食用菌，菌根菌。

酒红蜡蘑 *Laccaria vinaceoavellanea*

164 毡毛小脆柄菇

Lacrymaria lacrymabunda (Bull.) Pat., Les Hyménomycètes d'Europe: 123 (1887)

菌盖直径 1 cm，钟形，表面具贴附的鳞片，黄棕色，不黏，边缘无条纹。菌褶密，离生，白色。菌柄长 3.8 cm，米白色，圆柱形，脆骨质，空心。担孢子侧面椭圆形至豆形，正面长圆形至狭椭圆形，光滑，（6~7.5）μm ×（3.2~4）μm。担子具 4 个孢子小梗，（20~29）μm ×（7~8）μm。

生境：单生阔叶林地上。

产地：官山国家级自然保护区，采集时间 2023 年 7 月 3 日，凭证标本：G042023070330。

分布：江西省，甘肃省，陕西省，山东省，云南省，辽宁省，吉林省，四川省，河北省，河南省，北京市，贵州省，内蒙古自治区，湖北省，福建省，西藏自治区，湖南省，香港特别行政区，青海省，台湾省。

经济价值：毒菌。

毡毛小脆柄菇 *Lacrymaria lacrymabunda*

165 白杨乳菇

Lactarius controversus Pers., Observationes Mycologicae 2: 39 (1800)

菌盖直径 4.5 cm，浅棕色，不黏，平展中间凹陷，边缘淡粉红色，内卷。菌肉有汁液，白色。菌褶密，直生，淡粉色，不等长。菌柄长 3 cm，粗 1.1 cm，浅黄色，圆柱形，肉质，空心。孢子印乳白色至淡粉色，担孢子（6~7.5）μm×（4.5~5）μm，椭球形，具网纹，无色。

生境：散生于阔叶林地上。

产地：官山国家级自然保护区，采集时间 2023 年 8 月 30 日，凭证标本：G042023083022。

分布：甘肃省，福建省，浙江省，江苏省，内蒙古自治区，青海省，云南省，吉林省，北京市，四川省，河北省。

经济价值：菌根菌，食用菌，药用菌。

白杨乳菇 *Lactarius controversus*

166 龟裂乳菇

Lactarius rimosellus Peck, Bulletin of the New York State Museum 105: 37 (1906)

子实体小至中型，球形，菌盖直径 1.9~2.3 cm，红棕色，不黏，菌盖平展，中央稍凹陷，边缘无条纹。菌褶密，延生，不等长，有分叉。菌肉淡橙色至淡肉桂色，受伤后不变色。乳状物水状至乳清状。菌柄长 3.7~4.5 cm，粗 0.3~0.6 cm，红棕色，圆柱形，纤维质，空心，颜色比菌盖稍浅。担孢子近球形至宽椭圆形，(6.5~9) μm × (5~7) μm。

生境：散生于阔叶林地上。

产地：官山国家级自然保护区，采集时间 2022 年 7 月 7 日，凭证标本：G042022070731。

分布：江西省，福建省。

经济价值：菌根菌，食用菌。

龟裂乳菇 *Lactarius rimosellus*

167 凋萎状乳菇

Lactarius vietus (Fr.) Fr., Epicrisis Systematis Mycologici: 344 (1838)

菌盖直径 3.7 cm，光滑，平展中间稍凹陷，紫罗兰色至肉色，边缘颜色稍浅，向内弯曲且呈波浪状。菌褶密，直生至稍延生，脏浅黄色，不等长。菌柄长 3.6 cm，粗 0.8 cm，灰色，圆柱形，脆骨质，空心。孢子印乳白色或浅黄色。担子棒状，具 4 个孢子小梗，（36~42）μm × 12 μm。担孢子椭圆形，（8~9.5）μm ×（6.5~7.5）μm。

生境： 单生于阔叶林地上。

产地： 官山国家级自然保护区，采集时间 2022 年 7 月 6 日，凭证标本：G042022070626。

分布： 甘肃省，广东省，内蒙古自治区，湖南省，青海省，云南省，吉林省，黑龙江省，四川省。

经济价值： 菌根菌，食用菌。

凋萎状乳菇 *Lactarius vietus*

168 泥炭乳菇

Lactarius subdulcis (Pers.) Gray, Nat. Arr. Brit. Pl. (London) 1: 625 (1821)

菌盖直径 2.5 cm，菌盖平展，中间稍凹陷，红棕色，光滑，边缘波浪状或短脊状，米色、奶油色至粉红色。菌褶密，直生，米黄色，不等长。菌柄长 3.4 cm，粗 0.7 cm，浅橙色，圆柱形，脆骨质，空心。孢子宽椭圆形，具完整网状纹饰，（6.5~9）μm ×（5.5~7）μm。

生境：单生于阔叶林地上。

产地：官山国家级自然保护区，采集时间 2023 年 5 月 13 日，凭证标本：G042023051335。

分布：黑龙江省。

经济价值：不明。

泥炭乳菇 *Lactarius subdulcis*

169 淡黄多汁乳菇

Lactifluus luteolus (Peck) Verbeken, Mycotaxon 120: 446 (2012)

菌盖直径 4 cm，棕色，不黏，漏斗形，无条纹。菌褶密度中，弯生至稍延生，淡棕色，不等长，受伤后有乳白色汁液流出，伤口变褐。菌柄长 3.4 cm，粗 1 cm，棕色，圆柱形，肉质，空心。菌肉白色，致密、坚硬。孢子印白色至淡奶油色，担孢子椭圆形，（6~8.6）μm ×（4~5）μm。

生境：单生于阔叶林地上。

产地：官山国家级自然保护区，采集时间 2022 年 7 月 7 日和 2023 年 7 月 3 日，凭证标本：G042022070752 和 G042023070328。

分布：浙江省，湖北省，云南省，吉林省，黑龙江省，辽宁省，贵州省，陕西省。

经济价值：食用菌。

淡黄多汁乳菇 *Lactifluus luteolus*

170 辣多汁乳菇

Lactifluus piperatus (L.) Roussel, Fl. Calvados, Edn 2: 66 (1806)

菌盖直径 2.8 cm，乳白色，边缘白色，内反卷，中间淡黄色，不黏，平展，边缘无条纹。菌褶密，直生或稍延生，白色，等长。菌柄长 2 cm，粗 1 cm，白色，圆柱形，纤维质，空心。孢子印白色，担孢子无色，近球形，具小疣或纹饰，(6.5~9.5) μm × (5~8) μm。

生境：单生于阔叶林地上。

产地：官山国家级自然保护区，采集时间 2022 年 7 月 8 日，凭证标本：G042022070840。

分布：江西省，福建省，西藏自治区，贵州省，湖南省，湖北省，广东省，安徽省，四川省，江苏省，吉林省，河北省，河南省，广西壮族自治区，海南省，云南省，北京市，甘肃省，陕西省，山东省，浙江省，内蒙古自治区，青海省，辽宁省，台湾省，黑龙江省，山西省。

经济价值：食用菌，药用菌，菌根菌。

辣多汁乳菇 *Lactifluus piperatus*

171 多汁乳菇

Lactifluus volemus (Fr.) Kuntze, Revis. gen. pl. (Leipzig) 2: 857 (1891)

菌盖直径 4.7 cm，杏黄色至黄褐色，不黏，漏斗形，边缘无条纹。菌褶密度中，直生，米黄色，不等长。菌柄长 6 cm，粗 1 cm，米黄色，圆柱形，脆骨质，空心。菌褶受伤后变呈棕色。菌肉白色，具鱼腥味。担子棒状，具 4 个孢子小梗，（40~62）μm×（7~10.5）μm。孢子印白色，担孢子近球形，（7.5~10）μm×（7.5~9）μm，表面网状，具 1 个明显的突起，无色。

生境： 散生于阔叶林地上。

产地： 官山国家级自然保护区，采集时间 2023 年 8 月 31 日，凭证标本：G042023083156。

分布： 福建省，西藏自治区，贵州省，湖南省，广东省，湖北省，香港特别行政区，安徽省，四川省，新疆维吾尔自治区，江苏省，吉林省，河南省，河北省，广西壮族自治区，海南省，江西省，重庆市，云南省，甘肃省，陕西省，山东省，浙江省，内蒙古自治区，青海省，辽宁省，黑龙江省。

经济价值： 食用菌，药用菌，菌根菌。

多汁乳菇 *Lactifluus volemus*

172 香菇

Lentinula edodes (Berk.) Pegler, Kavaka 3: 20 (1976)

菌盖直径 7.5 cm，不黏，斗笠形，表面褐色或紫褐色，有淡褐色或褐色鳞片，具不规则裂纹。菌褶密，边缘黄褐色，中间米白色，不等长。菌肉白色或淡棕色。菌褶类白色或浅棕色。菌柄稍偏生，圆柱形，长 2.2 cm，粗 0.8 cm，实心，褐色，有鳞片，上部白色，基部稍膨大，白色至褐色。气微香，味淡。

生境：单生于阔叶林腐木上。

产地：官山国家级自然保护区，采集时间 2023 年 3 月 15 日，凭证标本：G042023031504。

分布：江西省，福建省，贵州省，湖南省，黑龙江省，四川省。

经济价值：食用菌，药用菌。

香菇 *Lentinula edodes*

173 翘鳞韧伞

Lentinus squarrosulus Mont., Annales des Sciences Naturelles Botanique sér. 2, 18: 21 (1842)

菌盖直径 4~11 cm，薄且柔韧，近圆形至漏斗状，盖缘无纤毛；表面灰白色，有灰褐色毛状小鳞片呈同心环纹排列，老熟后鳞片褐色，易脱落；边缘薄，初期内卷，后期浅裂或撕裂状。菌肉革质，白色。菌褶白色至淡黄色，延生，不等长，密，薄。菌柄长 1~3 cm，粗 0.4~1 cm，圆柱形，中生至偏生或近侧生，向下变细，实心，与菌盖同色，表面被丛毛状小鳞片。担子棒状，具 4 个孢子小梗，（15~25）μm ×（4~7）μm。孢子印白色至白黄色，担孢子圆柱形，透明，（5.5~6.5）μm ×（2~2.5）μm。

生境：群生于阔叶林腐木上。

产地：官山国家级自然保护区，采集时间 2022 年 8 月 29 日和 2023 年 8 月 31 日，凭证标本：G042022082901 和 G042023083143。

分布：江西省，广西壮族自治区，福建省，海南省，贵州省，上海市，广东省，湖南省，云南省，四川省，浙江省，江苏省，内蒙古自治区，吉林省。

经济价值：食用菌，药用菌。

翘鳞韧伞 *Lentinus squarrosulus*

174 栗色环柄菇

Lepiota castanea Quél., Comptes Rendus de l'Association Française pour l'Avancement des Sciences 9: 661 (1881)

子实体单生或群生。菌盖直径 1.2 cm，近钟形至平展，中部稍凸，幼时表面浅栗褐色，具粒状小鳞片边缘无条纹。菌褶密，离生，白色至黄白色，不等长。菌环膜状。菌柄长 6 cm，粗 1.2 cm，白色，圆柱形，纤维质，空心。孢子光滑，无色，近梭形，（9~12）μm ×（4~5）μm。褶缘囊状体近棒状，（20~30）μm ×（7~14）μm。

生境： 单生于阔叶林地上。

产地： 官山国家级自然保护区，采集时间 2022 年 7 月 8 日，凭证标本：G042022070813。

分布： 江西省，山东省，福建省，西藏自治区，内蒙古自治区，吉林省，宁夏回族自治区，黑龙江省，陕西省，四川省，湖北省。

经济价值： 毒菌。

栗色环柄菇 *Lepiota castanea*

175 细环柄菇

Lepiota clypeolaria (Bull.) P. Kumm., Der Führer in die Pilzkunde: 137 (1871)

菌盖直径 1.8 cm，边缘浅褐色，中间褐色，不黏，半球形，边缘无条纹，具丛毛鳞片。菌褶密，离生，不等长，白色。菌柄长 5 cm，粗 0.3 cm，圆柱形，纤维质，空心。菌环以上光滑，白色；菌环以下被白色至浅褐色鳞片。菌环白色，近膜质。担孢子（11~15）μm ×（4.5~7）μm，纺锤形或近杏仁形，光滑，无色。

生境：单生于阔叶林地上。

产地：官山国家级自然保护区，采集时间 2022 年 7 月 6 日，凭证标本：G042022070629。

分布：福建省，江西省，湖南省，广东省，湖北省，四川省，安徽省，甘肃省，陕西省，山东省，新疆维吾尔自治区，浙江省，江苏省，内蒙古自治区，青海省，辽宁省，吉林省，黑龙江省，河北省，山西省，河南省。

经济价值：记载可食，但有人认为有毒，不能轻易采集食用。

细环柄菇 *Lepiota clypeolaria*

176 拟淡紫鳞环柄菇

Lepiota pseudolilacea Huijsman, Bulletin Mensuel de la Société Linnéenne de Lyon 16: 182 (1947)

菌盖直径 2.4 cm，初期扁半球形，后平展，中部稍凸，表面密被红褐色或褐色小鳞片，呈带状排列，中部鳞片密集。菌褶白色，密度中，离生，不等长。菌柄长 4.5 cm，粗 0.2 cm，浅褐色，圆柱形，纤维质，空心。菌环上位，小而易脱落。担孢子椭圆形，无色，光滑，（7.5~9）μm ×（4.2~4.9）μm。

生境：单生于阔叶林腐木上。

产地：官山国家级自然保护区，采集时间 2022 年 7 月 6 日，凭证标本：G042022070654。

分布：贵州省，新疆维吾尔自治区。

经济价值：毒菌。

拟淡紫鳞环柄菇 *Lepiota pseudolilacea*

177 球根白环菌

Leucoagaricus bulbiger Justo, Bizzi & Angelini, Mycologia 113(2): 350 (2021)

菌盖直径 2 cm，平展且中间凸；表面具纤维状鳞片，黄橙色或杏色，向边缘变浅且稀疏。菌褶离生，白色至淡黄色。菌柄圆柱形，白色，长 5 cm，宽 4.5 mm，触摸或摩擦处呈橙黄色，基部球根状，基部球茎宽达 10 mm。菌环膜质，偏上部，白色。气味不明显。担子棒状，(14.5~22) μm×(7~9.5) μm。担孢子杏仁状，(7.5~11) μm×(4~5.5) μm。

生境：单生于阔叶林地上。

产地：官山国家级自然保护区，采集时间 2023 年 8 月 31 日，凭证标本：G042023083126。

分布：多米尼加共和国。

经济价值：不明。

球根白环菌 *Leucoagaricus bulbiger*

178 脆弱白鬼伞

Leucocoprinus fragilissimus (Berk. & M.A. Curtis) Pat., Essai taxonomique sur les familles et les genres des Hyménomycètes: 171 (1900)

子实体单生或散生。菌盖直径 1.3 cm，极薄，初圆锥形、钟形，后近平展，淡黄色，中央色深，具放射状长沟条和黄色粉粒。菌褶密，离生，白色，不等长。菌肉极薄，膜质。菌环膜状，鹅黄色。菌柄长 4.8 cm，粗 0.1 cm，鹅黄色，圆柱形，纤维质，空心。菌环膜质，生于菌柄中部。孢子印白色，孢子无色，椭圆形，具 1 个明显芽孔，光滑，（10.5~12.6）μm×（6.3~7）μm。

生境：单生于阔叶林地上。

产地：官山国家级自然保护区，采集时间 2022 年 7 月 8 日、2022 年 7 月 9 日和 2023 年 7 月 3 日，凭证标本：G042022070807、G042022070915 和 G042023070325。

分布：江西省，广西壮族自治区，福建省，海南省，贵州省，上海市，内蒙古自治区，香港特别行政区，四川省。

经济价值：毒菌。

脆弱白鬼伞 *Leucocoprinus fragilissimus*

179 高大环柄菇

Macrolepiota procera (Scop.) Singer, Papers of the Michigan Academy of Sciences 32: 141 (1948)

子实体中大型，菌盖直径 8~15 cm，卵形，顶部中心具乳头状突起，上有许多鳞状的突起物，锈褐色。子实体成熟后，菌盖中央革质化，棕色。菌柄褐色，圆柱形，空心，(15~35) cm × (1.5~2) cm，长可达 50 cm，向上渐细，基部球根状，有絮状物，红褐色，具由褐色细鳞构成的蛇皮纹，中空或充实。菌环上位，双层，上层白色，可动，下层褐色，类革质，表面有小褐鳞。担孢子椭圆形，平滑，(12~18) μm × (8~12) μm。

生境：散生于阔叶林地上。

产地：官山国家级自然保护区，采集时间 2023 年 7 月 3 日和 2023 年 8 月 30 日，凭证标本：G042023070306 和 G042023083012。

分布：广西壮族自治区，福建省，西藏自治区，海南省，贵州省，江西省，重庆市，广东省，湖南省，云南省，安徽省，四川省，山东省，浙江省，江苏省，内蒙古自治区，青海省，辽宁省，吉林省，黑龙江省，河南省，河北省。

经济价值：食用菌，药用菌。

高大环柄菇 *Macrolepiota procera*

180 长囊茸盖伞

Mallocybe longicystis T. Bau, Y.G. Fan, J.H. Hu & W.J. Yu, Mycol. Progr. 22(2, no. 15): 3 (2023

子实体小型。菌盖直径 16~30 mm。菌盖球形、半球形或宽凸形，边缘稍内弯；菌盖表面干燥，覆盖有致密且呈放射状排列的、厚的圆锥形鳞片，焦黄色至黄棕色。菌褶弯生，密，白色至米色。菌柄长 2.5 cm，粗 3 mm，圆柱形，中空，基部稍膨大，具绒毛状至毡状菌丝，白色至黄白色。担子细棒状至棒状，先端钝或圆形，基部近截形或杵状，具 2 个或 4 个孢子小梗，(24~34) μm × (5~9) μm。担孢子椭圆形至长圆形，光滑，厚壁，顶端钝或稍尖，(8~11) μm × (4~5.5) μm。

生境： 单生于阔叶林地上。

产地： 官山国家级自然保护区，采集时间 2022 年 7 月 7 日，凭证标本：G042022070711。

分布： 海南省，云南省。

经济价值： 不明。

长囊茸盖伞 *Mallocybe longicystis*

181 一色茸盖伞

Mallocybe unicolor (Peck) Matheny & Esteve-Rav., Mycologia 112(1): 109 (2019)

菌盖直径 3.1 cm，深褐色，不黏，平展，细鳞状，边缘无条纹，有绒毛。菌褶近直生，密度中，白色至黄色，不等长。菌柄长 4.7 cm，粗 0.5 cm，深褐色，圆柱形，纤维质，实心，基部有绒毛，柄上部有白色丝状物。担子圆柱形，稍弯曲，具 4 个小梗，黄色至金黄色。孢子印棕色，担孢子椭圆形至豆形，光滑，（8~11.5）μm ×（4~6）μm。

生境：散生于阔叶林地上。

产地：官山国家级自然保护区，采集时间 2022 年 7 月 6 日，凭证标本：G042022070603。

分布：北美。

经济价值：菌根菌。

一色茸盖伞 *Mallocybe unicolor*

182 天鹅绒小皮伞

Marasmius congregatus Mont., Annales des Sciences Naturelles Botanique 1: 113 (1854)

菌盖直径 0.5~0.7 cm，幼时半球形至球形，成熟时半球形至钟形，淡奶油色，不黏，边缘无条纹。菌柄长 3~4.5 cm，粗 0.2 cm，白色，圆柱形，纤维质，空心，基本有白色绒毛。菌褶直生至弯生。担子（17.3~26.8）μm×（4~5.6）μm，棒状或圆柱形，细长，透明，薄壁，淀粉样，具 2~4 个孢子小梗。担孢子棒状至亚纺锤形，（5~9）μm×（2.5~4）μm。

生境：群生于阔叶林地上。

产地：官山国家级自然保护区，采集时间 2022 年 7 月 6 日和 2023 年 8 月 30 日，凭证标本：G042022070625 和 G042023083027。

分布：巴西。

经济价值：不明。

天鹅绒小皮伞 *Marasmius congregatus*

183 马鬃小皮伞

Marasmius crinis-equi F. Muell. ex Kalchbr., Grevillea 8(48): 153 (1880)

菌盖直径 0.1~0.3 cm，黄色，不黏，钟形，具放射状褶皱，中心凹陷。菌褶稀，离生，污白色，等长。菌柄长 1.2~1.5 cm，粗 0.1 cm，深棕色，圆柱形，纤维质，实心。担孢子椭圆形，光滑，无色，（7~10）μm ×（3~4）μm。

生境： 群生于混交林枯叶上。

产地： 官山国家级自然保护区，采集时间 2022 年 7 月 9 日，凭证标本：G042022070910。

分布： 福建省，内蒙古自治区，湖南省，云南省，辽宁省，香港特别行政区，四川省，上海市，安徽省，陕西省。

经济价值： 食用菌，药用菌。

马鬃小皮伞 *Marasmius crinis-equi*

184 砖红小皮伞

Marasmius ferrugineus Berk., Journal of the Linnean Society. Botany 10: 297 (1869)

菌盖圆锥形，菌盖直径 0.2~0.8 cm，棕色至红棕色，不黏，半球形，边缘有条纹。菌褶稀，弯生，白色。菌柄长 1.5~2 cm，粗 0.05 cm，棕色至深棕色，细丝状，纤维质，实心。担子圆柱形，（20~40）μm×（5~10）μm。担孢子纺锤形，（14~20）μm×（4~5.5）μm。

生境：群生于阔叶林枯叶上。

产地：官山国家级自然保护，采集时间 2022 年 7 月 7 日，凭证标本：G042022070708。

分布：全国广布。

经济价值：不明。

砖红小皮伞 *Marasmius ferrugineus*

185 禾生小皮伞

Marasmius graminicola Speg., Anales del Museo Nacional de Historia Natural Buenos Aires 6: 111 (1898)

菌盖直径 0.7~1 cm，黄棕色，不黏，钟形，表面干燥，具盖中部至盖缘的放射状沟纹。菌褶稀，弯生，米白色，等长。菌柄长 5.5 cm，粗 0.1 cm，顶部淡红褐色，越往下颜色越深，褐色至暗褐色，表面干燥，光滑，深入基物内，圆柱形，纤维质，实心，基部具淡黄色伏毛状菌丝。担子（16~21）μm×（4.9~6.2）μm，棍棒状，具 2 个或 4 个孢子小梗，光滑，薄壁。担孢子（10~14）μm×（2.5~5）μm，长椭圆形至梭形，光滑，薄壁。

生境：群生于阔叶林地上。

产地：官山国家级自然保护区，采集时间 2022 年 7 月 6 日和 2023 年 7 月 2 日，凭证标本：G042022070653 和 G042023070202。

分布：海南省，内蒙古自治区，山东省。

经济价值：不明。

禾生小皮伞 *Marasmius graminicola*

186 大帚枝小皮伞

Marasmius grandisetulosus Singer, Bull. Jard. Bot. État Bruxelles 34: 379 (1964)

菌盖直径 0.1~0.3 cm，边缘浅褐色，中间暗红色，表面干燥，斗笠状，具放射状褶皱。菌褶稀，离生，白色，不等长。菌柄长 1.9~2.3 cm，粗 0.1 cm，深褐色，圆柱形，纤维质，实心。担子棍棒状，具 4 个孢子小梗，(27~29) μm × (9~10) μm。担孢子棒状至细长纺锤形，(15~17.5) μm × (3.5~4.5) μm。褶缘囊状体棍棒状，透明至黄棕色，(10~16) μm × (6~7) μm。

生境：散生于混交林枯叶上。

产地：官山国家级自然保护区，采集时间 2022 年 7 月 4 日，凭证标本：G042022070421。

分布：广东省，云南省，江西省。

经济价值：不明。

大帚枝小皮伞 *Marasmius grandisetulosus*

187 无色小皮伞

Marasmius insolitus A. Kiyashko & E.F. Malysheva, Mycosphere 180(1): 14 (2014)

菌盖直径 2~2.4 cm，边缘白色，中间淡黄色，不黏，初期半球形后平展，边缘有条纹。菌褶密度中，离生，白色至奶油色，不等长。菌柄圆柱形，长 6~6.5 cm，粗 0.1~0.2 cm，下部深褐色，上部淡奶油色，基部有白色绒状菌丝，纤维质，空心。气味不明显。担子棒状，（20.8~26.8）μm×（5.2~5.9）μm，具 4 个孢子小梗。担孢子椭球形，光滑，淀粉质，（8.5~12.5）μm×（3.5~5）μm。褶缘囊状体近圆柱形至棍棒状，（11~31.2）μm×（4.5~6.5）μm。

生境：散生于阔叶林枯叶上。

产地：官山国家级自然保护区，采集时间 2022 年 7 月 7 日和 2022 年 7 月 8 日，凭证标本：G042022070729 和 G042022070832。

分布：云南省。

经济价值：不明。

无色小皮伞 *Marasmius insolitus*

188 淡赭色小皮伞

Marasmius ochroleucus Desjardin & E. Horak, Bibliotheca Mycologica 168: 35 (1997)

菌盖直径 1.9~2.7 cm，边缘奶白色，有条纹，中间橙黄色，斗笠形，不黏。菌褶稀，不等长，有分叉，白色。菌柄长 1.2~4.2 cm，粗 0.1 cm，圆柱形，纤维质，空心，有或无近球形的基部，空心，无毛，顶端透明，白色，基部褐色。基部菌丝白色。无明显的气味和味道。担子（20~35）μm ×（6~10）μm，棒形，具 2 个或 4 个孢子小梗。担孢子（6~8）μm ×（3~4）μm，椭圆形、圆柱形或梭形，光滑，薄壁，透明，非淀粉质。

生境：群生于针阔混交林杉木球果上。

产地：官山国家级自然保护区，采集时间 2022 年 7 月 4 日和 2022 年 7 月 6 日，凭证标本：G042022070416 和 G042022070658。

分布：广西壮族自治区，贵州省，湖北省，吉林省，江西省。

经济价值：不明。

淡赭色小皮伞 *Marasmius ochroleucus*

189 红美小皮伞

Marasmius pulcherripes Peck, Annual Report on the New York State Museum of Natural History 24: 77 (1872)

子实体较小。菌盖直径 1~1.3 cm，不黏，钟形，表面光滑，边缘有明显的沟纹。菌肉极薄，革质。菌褶密度中，离生，米白色，等长。菌柄长 3.5~5 cm，粗 0.1 cm，圆柱形，纤维质，实心，上部近白色，平滑。孢子无色，光滑，近棒状，（11~15）μm×（3~5）μm。

生境：散生于阔叶林地上。

产地：官山国家级自然保护区，采集时间 2023 年 5 月 11 日，凭证标本：G042023051102。

分布：广西壮族自治区，福建省，重庆市，江西省，广东省，云南省，香港特别行政区，甘肃省，山东省，内蒙古自治区，辽宁省，吉林省，河南省。

经济价值：不明。

红美小皮伞 *Marasmius pulcherripes*

190 白小皮伞

Marasmius rotula (Scop.) Fr., Epicr. syst. mycol. (Upsaliae): 385 (1838)

菌盖直径 0.3~0.6 cm，米白色，不黏，平展，边缘有条纹，有肚脐状中央凹陷的凸面。菌盖薄膜状。菌褶稀，离生，米白色，等长。菌柄长 1~1.8 cm，粗 0.1 cm，圆柱形，纤维质，实心，在顶端附近带白色，但是大部分为红棕色到微黑色，有光泽，光滑，无毛。孢子印白色至淡黄色。担子呈棒状或近似棒状，具 4 个孢子小梗，(21~21) μm × (4~17) μm。担孢子泪滴状，(7~10) μm × (3~5) μm。

生境：群生于混交林枯叶上。

产地：官山国家级自然保护区，采集时间 2022 年 7 月 10 日，凭证标本：G042022071001。

分布：广西壮族自治区，甘肃省，福建省，重庆市，湖南省，青海省，辽宁省，香港特别行政区，贵州省，吉林省，江西省。

经济价值：不明。

白小皮伞 *Marasmius rotula*

191 白环粘奥德蘑

Mucidula mucida (Schrad.) Pat., Les Hyménomycètes d'Europe: 96 (1887)

菌盖直径约 7 cm，扁半球形至扁平，白色，有稍带褐色的片状膜被。菌肉较薄。菌褶弯生至直生，宽达 1 cm，稍密。菌柄长约 11 cm，粗 0.5~0.8 cm，白色，近光滑，基部稍膨大，有短假根。菌环膜质，易消失。担子（60~70）μm ×（12~18）μm。担孢子（18~24）μm ×（21~25）μm，杏仁形，光滑，无色，厚壁。

生境：单生于混交林腐木上。

产地：官山国家级自然保护区，采集时间 2022 年 7 月 9 日，凭证标本：G042022070924。

分布：广西壮族自治区，福建省，西藏自治区，海南省，贵州省，重庆市，江西省，广东省，湖北省，湖南省，云南省，四川省，甘肃省，陕西省，浙江省，内蒙古自治区，青海省，辽宁省，吉林省，黑龙江省，河北省，河南省。

经济价值：食用菌。

白环粘奥德蘑 *Mucidula mucida*

192 沟纹小菇

Mycena abramsii (Murrill) Murrill, Mycologia 8(4): 220 (1916)

菌盖直径 0.6~0.8 cm，边缘米白色，中间灰褐色，不黏，钟形，边缘有条纹。菌褶密度中，弯生，米白色，不等长。菌柄长 0.8~1 cm，粗 0.1~0.2 cm，白色，圆柱形，空心，基部具浓密的菌毛。孢子印白色，担孢子无色，光滑，椭圆形至近圆柱形，（7.5~13）μm ×（4~6）μm。

生境：散生于阔叶林枯枝上。

产地：官山国家级自然保护区，采集时间 2023 年 5 月 11 日，凭证标本：G042023051117。

分布：江西省，甘肃省，湖南省，内蒙古自治区，云南省，黑龙江省，四川省。

经济价值：不明。

沟纹小菇 *Mycena abramsii*

193 锯齿状绒盖伞

Simocybe serrulata (Murrill) Singer, Sydowia 15(1-6): 75 (1962)

菌盖直径 2.5~3.4 cm，边缘白色，中间黑褐色，半球形至近平展，中央有凹陷，黄色至棕色，边缘水浸状。菌肉灰色，薄。菌管管口角形，管面米白色。菌褶污白色至灰色，不等长，弯生至延生，较稀疏。担子（15~22）μm×（5~9）μm，具 2 个或 4 个孢子小梗，无色，透明。担孢子（6.1~8.5）μm×（3.7~4.9）μm，椭圆形至长椭圆形，豆形，浅黄色至黄色，表面光滑。

生境：散生于阔叶林腐木上。

产地：官山国家级自然保护区，采集时间 2023 年 5 月 12 日，凭证标本：G042023051202。

分布：内蒙古自治区，陕西省。

经济价值：不明。

锯齿状绒盖伞 *Simocybe serrulata*

194 亚白环黏小奥德蘑

Oudemansiella submucida Corner, Gardens Bulletin Singapore 46(1): 70 (1994)

菌盖直径 7~16 cm，初半球形，后凸面镜形至近平展，表面光滑，湿时黏，无条纹，粉白色至粉黄色，边缘整齐。菌褶宽 0.4~0.6 cm，稀疏，稍弯生至离生，不等长，具小菌褶，粉白色；菌柄（0.5~1.5）cm ×（9~22）cm，中生至偏生，具菌环，基部稍膨大，非假根状，菌柄中部具瘤状突起，上部近亮白色，下部浅褐色至深褐色，密被浅褐色至褐色鳞片。菌肉白色，薄，味淡。担子（49~71）μm ×（11~14.7）μm，具 4 个孢子小梗。担孢子（17.2~19.6）μm ×（14.7~17）μm，卵圆形至宽椭圆形，光滑，无色。

生境： 散生于阔叶林腐木上。

产地： 官山国家级自然保护区，采集时间 2023 年 5 月 12 日，凭证标本：G042023051201。

分布： 云南省，山西省，贵州省，甘肃省，湖南省，四川省，广西壮族自治区，广东省。

经济价值： 食用菌。

亚白环黏小奥德蘑 *Oudemansiella submucida*

195 云南小奥德蘑

Oudemansiella yunnanensis Zhu L. Yang & M. Zang, Acta Mycologica Sinica 12: 19 (1993)

菌盖直径 1.7 cm，扁半球形至扁平，白色，胶黏，边缘平滑或有辐射状短条纹。菌肉白色。菌褶密度中，弯生，米黄色，有分叉，菌环膜状，条纹米白色，不脱落。菌柄长 1.3 cm，粗 0.3~0.5 cm，米白色，圆柱形，实心。担子（100~150）μm×（23~26）μm。担孢子近球形，无色，厚壁，（24~38）μm×（23~33）μm。

生境：散生于混交林腐木上。

产地：官山国家级自然保护区，采集时间 2023 年 3 月 16 日，凭证标本：G042023031609 和 G042023031623。

分布：云南省，重庆市。

经济价值：不明。

云南小奥德蘑 *Oudemansiella yunnanensis*

196 大孢斑褶菇

Panaeolus papilionaceus (Bull.) Quél., Mém. Soc. Émul. Montbéliard, Sér. 2 5: 152 [122 repr.] (1872)

子实体小型，质脆。菌盖直径 1.4 cm，褐色，不黏，钟形，表面光滑，稍有光泽，湿时带灰白色。边缘附有白色菌幕残片。菌肉污白色。菌褶稍密，直生，不等长，灰色，具明显的暗灰色或黑色斑点状斑纹，老熟后完全变为黑色，但边缘保持白色或灰白色。菌柄长 1.5~11.5 cm，粗 0.2 cm，上白色，下深褐色，圆柱形，纤维质，空心。担孢子柠檬形，（12.5~15）μm ×（8.5~12.5）μm，褐色至黑褐色，光滑。

生境：散生于阔叶林地上。

产地：官山国家级自然保护区，采集时间 2022 年 7 月 11 日，凭证标本：G042022071102。

分布：江西省，福建省，吉林省，广东省，广西壮族自治区，西藏自治区，云南省，海南省，四川省，贵州省，山西省，河北省。

经济价值：毒菌。

大孢斑褶菇 *Panaeolus papilionaceus*

197 高山扇菇

Panellus alpinus Q.Y. Zhang, F. Wu & Y.C. Dai, Frontiers in Microbiology 13(no. 928941): 4 (2022)

子实体一年生，表面有绒毛，群生，新鲜时柔软，木栓质，干燥时白垩质。菌盖扇形、半圆形或椭圆形；边缘内弯，完整。菌孔与绒毛表面同色，圆形或拉长至椭圆形，4~6 个/mm^2；管长达 0.2 mm。菌柄基部（0.4~1）mm ×（0.2~0.6）mm，与菌毛表面同色，基部渐细至稍膨大，表面粉红色。担子棒状，（17~24）μm×（4~6）μm，具 4 个孢子小梗。担孢子长椭圆形至端部锥形，透明，薄壁，光滑，（4.5~6.5）μm×（3~3.5）μm。

生境： 群生于枯枝上。

产地： 官山国家级自然保护区，采集时间 2023 年 5 月 10 日，凭证标本：G042023051003。

分布： 西藏自治区。

经济价值： 白腐菌。

高山扇菇 *Panellus alpinus*

198 贝壳状革耳

Panus conchatus (Bull.) Fr., Epicrisis Systematis Mycologici: 398 (1838)

菌盖直径 2~3.5 cm，中央凹陷或深花瓶状，棕色至棕褐色，边缘内卷，具轻微条纹和浅裂。菌褶延生，有分叉，白色至浅棕色。菌柄长 2~3 cm，粗 0.8~1.5 cm，多偏生，与菌盖同色，基部具白色菌丝。孢子印白色，担孢子椭球体至近圆柱体，光滑，（4.5~6.5）μm×（2.5~4）μm。

生境：散生于混交林腐木上。

产地：官山国家级自然保护区，采集时间 2023 年 5 月 10 日，凭证标本：G042023051009。

分布：福建省，西藏自治区，华北，海南省，贵州省，江西省，湖南省，云南省，四川省，甘肃省，陕西省，浙江省，内蒙古自治区，吉林省，黑龙江省，河南省，山西省。

经济价值：不明。

贝壳状革耳 *Panus conchatus*

199 胶状鳞伞

Pholiota gummosa (Lasch) Singer, Lilloa 22: 517 (1951)

菌盖直径 2.3~3 cm，边缘浅棕色，中间褐色，不黏，平展，边缘无条纹。菌褶密，弯生，不等长，浅黄色。菌柄长 2.6~3.2 cm，粗 0.3~0.4 cm，棕色，圆柱形，具腺点，纤维质，空心。孢子印棕色，担孢子豆形至近豆形，（6~8）μm×（3.5~4.5）μm。

生境： 散生于混交林地上。

产地： 官山国家级自然保护区，采集时间 2023 年 5 月 11 日，凭证标本：G042023051140。

分布： 甘肃省，吉林省，内蒙古自治区。

经济价值： 食用菌。

胶状鳞伞 *Pholiota gummosa*

200 柠檬鳞伞

Pholiota limonella (Peck) Sacc., Syll. Fung. 5: 753 (1887)

菌盖直径 2.5~5 cm，初期呈红褐色，成熟后逐渐变为柠檬黄色，具散生的黄褐色与白色鳞片，黏，半球形，边缘无条纹，具块鳞。菌褶 3.5~4.8 mm，直生至稍弯生，近白色，逐渐变为铁锈色，窄，密。菌柄长 0.8~4 cm，粗 0.4~0.7 cm，棕色，圆柱形。菌肉厚度 4~7 mm，淡黄色。菌环单层，白色，膜质，薄，生于菌柄上部，易消失。担子棒状，(13.8~23.1) μm × (3.8~6.3) μm。孢子椭圆形至卵圆形，光滑，(4.5~7.2) μm × (3.5~5.2) μm。

生境：丛生于混交林腐木上。

产地：官山国家级自然保护区，采集时间 2023 年 5 月 11 日，凭证标本：G042023051133。

分布：山东省，内蒙古自治区，贵州省，河北省，吉林省。

经济价值：该种尚未被记载有毒，其食用性有待进一步考证。

柠檬鳞伞 *Pholiota limonella*

201 豆孢侧火菇

Pleuroflammula praestans E. Horak, Persoonia 9(4): 445 (1978)

菌盖直径 1.8 cm，不黏，初期圆形，渐变为肾形至贝壳形，边缘内卷，后期平展，黄色至深黄色或黄褐色，附着细小纤丝状物，干，无条纹，非水渍状，边缘菌幕残片呈齿状。菌褶密度中，弯生，边缘米黄色，中间锈褐色，不等长。菌肉黄褐色，味苦。菌柄偏生或侧生，具菌环，实心。菌环膜质。担孢子（7.3~ 9.2）μm ×（5~6）μm，椭圆形，侧面呈豆形，黄褐色至锈褐色，厚壁，光滑，无芽孔。

生境：散生于混交林腐木上。

产地：官山国家级自然保护区，采集时间 2023 年 3 月 16 日，凭证标本：G042023031605。

分布：浙江省，广东省，湖南省。

经济价值：不明。

豆孢侧火菇 *Pleuroflammula praestans*

202 淡红侧耳

Pleurotus djamor (Rumph. ex Fr.) Boedijn, Rumphius Memorial Volume: 292 (1959)

子实体一般中等。菌盖初期贝壳形或扇形，边缘内卷，后伸展边缘呈波状，直径 3~14 cm，表面有细小绒毛至近光滑，幼时粉红色，鲑肉色或后变浅土黄色至鲑白色。菌肉较薄，带粉红色或近似盖色，稍密，延生，不等长。菌柄一般不明显或很短，长 1~2 cm，有白色细绒毛。孢子印粉红色，担孢子近圆柱形，光滑，无色，（6~10.5）μm ×（3~4.5）μm。

生境： 散生于混交林腐木上。

产地： 官山国家级自然保护区，采集时间 2021 年 6 月 12 日，凭证标本：G042021061210。

分布： 江西省，广西壮族自治区，福建省，浙江省，内蒙古自治区，湖南省，北京市，河北省。

经济价值： 食用菌。

淡红侧耳 *Pleurotus djamor*

203 猪肚菌

Pleurotus giganteus (Berk.) S.C. Karunarathna & K.D. Hyde, Mycotaxon 118: 62 (2011)

菌盖直径 6~20 cm，幼时扁半球形至近扁平，中央下凹，逐渐成漏斗至碗形，淡黄色但中央暗，菌盖边缘附有灰白色和灰黑色菌幕残留物，中部色深，有小鳞片，边缘强烈内卷，然后延伸，有明显或不明显条纹。菌肉白色，略有气味。菌褶延生，稍交织，不等长，稍密至密，白色至淡黄色，具3 种或 4 种长度的小菌褶。菌柄长 5~25 cm，粗 0.6~3 cm，多中生，圆柱形，近地面处略粗，向下渐尖，地下长达 18 cm，表面与菌盖同色，顶部苍白色、污白色至白色，有绒毛，实心至松软，内部白色，基部向下延伸呈根状。担孢子（6.5~10）μm×（5.5~7.5）μm，椭圆形，光滑，无色。

生境：单生于混交林地上。

产地：官山国家级自然保护区，采集时间 2022 年 7 月 11 日，凭证标本：G042022071128。

分布：江西省，广西壮族自治区，福建省，海南省，广东省。

经济价值：食用菌。

猪肚菌

Pleurotus giganteus

204 肺形侧耳

Pleurotus pulmonarius (Fr.) Quél., Mém. Soc. Émul. Montbéliard Ser. 2, 5: 113 (1872)

菌盖直径 4.5~6.1 cm，边缘米白色，中间咖啡色，不黏，扇形，边缘无条纹。菌褶密，延生，米白色，不等长。菌柄长 1.5~2.5 cm，粗 0.8~1.1 cm，米白色，圆柱形，空心。菌肉白色，靠近基部稍厚。孢子无色，透明，光滑，近圆柱形，（8.1~10.7）μm ×（3~5.1）μm。

生境：叠生于混交林腐木上。

产地：官山国家级自然保护区，采集时间 2023 年 3 月 16 日和 2023 年 5 月 11 日，凭证标本：G042023031601 和 G042023051135。

分布：江西省，广西壮族自治区，福建省，西藏自治区，海南省，上海市，广东省，湖南省，云南省，甘肃省，山东省，陕西省，新疆维吾尔自治区，浙江省，内蒙古自治区，吉林省，台湾省，黑龙江省，河南省。

经济价值：食用菌，药用菌。

肺形侧耳 *Pleurotus pulmonarius*

205 多色光柄菇

Pluteus variabilicolor Babos, Annales Historico-Natureles Musei Nationalis Hungarici 70: 93 (1978)

菌盖直径 2.3 cm，表面光滑，橙黄色，具呈放射状纹脉。菌褶密，不等长，淡红棕色。菌柄长 3.4 cm，粗 0.2 cm，圆柱形，基部稍膨大。菌肉无特异性气味。担子（25~32）μm×（6~8）μm，棒状，具 4 个孢子小梗。担孢子（5.5~7）μm×（4.5~6）μm，宽椭圆形至近球形。褶缘囊状体纺锤形至唇形，（50~90）μm×（25~30）μm，透明，薄壁，顶端常有短而宽的短尖。

生境：散生于阔叶林腐木上。

产地：官山国家级自然保护区，采集时间 2022 年 8 月 26 日，凭证标本：G042022082616。

分布：浙江省，甘肃省，贵州省，广东省，陕西省，湖北省，湖南省，江西省。

经济价值：不明。

多色光柄菇 *Pluteus variabilicolor*

206 丸形小脆柄菇

Psathyrella laevissima (Romagn.) Singer, Beih. Nova Hedwigia 29: 197 (1969)

菌盖直径 2.5~3.2 cm，棕色，不黏，半球形，具白色粉末，无条纹，菌盖边缘具少量菌幕。菌褶密，离生，白色至浅棕色，不等长。菌柄长 2.5 cm，粗 0.2 cm，白色，圆柱形，纤维质，空心，基部具白色绒毛状菌丝。担孢子椭球形，（5~6）μm×（2.5~3.5）μm。

生境：群生于阔叶林倒木上。

产地：官山国家级自然保护区，采集时间 2023 年 8 月 31 日，凭证标本：G042023083116。

分布：陕西省，福建省，山东省，青海省，吉林省，贵州省，江西省。

经济价值：食用菌。

丸形小脆柄菇 *Psathyrella laevissima*

207 灰褐小脆柄菇

Psathyrella spadiceogrisea (Schaeff.) Maire, Mémoires de la Société des Sciences Naturelles du Maroc 45: 113 (1937)

菌盖直径 1.5~2 cm，边缘浅棕色，中间棕色，表面干燥，斗笠形，菌盖边缘具残留菌幕。菌褶密，离生，米白色，不等长，有分叉。菌柄长 5~5.5 cm，粗 0.2~0.4 cm，银白色，圆柱形，空心，无菌环。孢子印深棕色，担孢子（6~10）μm ×（3~5.5）μm，椭球形，光滑，在 5% 氢氧化钾溶液中呈深棕色。

生境：散生于阔叶林地上。

产地：官山国家级自然保护区，采集时间 2023 年 3 月 15 日，凭证标本：G042023031524。

分布：江西省，贵州省，广东省，内蒙古自治区，青海省。

经济价值：食用菌。

灰褐小脆柄菇 *Psathyrella spadiceogrisea*

208 近可可色小脆柄菇

Psathyrella subcacao (T. Bau & J.Q. Yan) Voto, Mycological Observations 2: 9 (2022)

菌盖直径 1 cm，中央淡可可色，边缘颜色稍浅，不黏，钝锥形，边缘无条纹。菌褶密度中，弯生，淡褐色，不等长。菌柄中生，长 2.4 cm，粗 0.4 cm，白色，圆柱形，脆骨质，空心，基部具白色绒毛状菌丝。味道不明显。担子（16.5~20）μm×（8.5~9）μm，棒状，具 4 个孢子小梗。担孢子（5.7~6.8）μm×（3.5~4.5）μm，椭圆形或略呈豆形，光滑，灰棕色。褶缘囊状体（16.5~29）μm×（8~12）μm，宽唇形。

生境：散生于阔叶林倒木上。

产地：官山国家级自然保护区，采集时间 2022 年 7 月 7 日，凭证标本：G042022070758。

分布：江西省，贵州省，广东省，内蒙古自治区，青海省。

经济价值：不明。

近可可色小脆柄菇 *Psathyrella subcacao*

209 丁香假小孢伞

Pseudobaeospora lilacina X.D. Yu, Ming Zhang & S.Y. Wu, Mycotaxon 132(2): 332 (2017)

菌盖直径 1~3 cm，紫红色，干燥，平凸，边缘无条纹。菌褶密度中，直生，淡紫色，不等长，有分叉。菌柄长 1.5 cm，粗 0.7 cm，褐色，圆柱形，纤维质，空心。担子（14~25）μm ×（3~5.8）μm，具 4 个或 2 个孢子小梗。担孢子椭圆形至宽椭圆形，（2.5~4.5）μm ×（3~6.5）μm。

生境：单生于混交林地上。

产地：官山国家级自然保护区，采集时间 2022 年 7 月 12 日，凭证标本：G042022071213。

分布：广东省，江西省。

经济价值：不明。

丁香假小孢伞 *Pseudobaeospora lilacina*

210 腓骨小菇

Rickenella fibula (Bull.) Raithelh., Metrodiana 4: 67 (1973)

菌盖直径 0.5~0.7 cm，边缘黄橙色，中间深橙色，不黏，平展或中央稍凹陷，边缘半透明，有条纹。菌褶淡橙色，密度稀，延生，不等长。菌柄长 1.8~3.3 cm，粗 0.1 cm，浅橙色，圆柱形，脆骨质，空心，基部具白色菌丝。担孢子椭球体，(3~4) μm × (1.5~2.5) μm，光滑。褶缘囊状体纺锤形，(25~40) μm × (5~7.5) μm。

生境：散生于阔叶林苔藓上。

产地：官山国家级自然保护区，采集时间 2023 年 5 月 11 日，凭证标本：G042023051116。

分布：江西省，广西壮族自治区，新疆维吾尔自治区，浙江省，重庆市，江苏省，内蒙古自治区，广东省，湖南省，云南省，吉林省，四川省。

经济价值：可能腐生，但与苔藓可能存在互利共生关系。

腓骨小菇 *Rickenella fibula*

211 蓝黄红菇

Russula cyanoxantha (Schaeff.) Fr., Monographia Hymenomycetum Sueciae 2: 194 (1863)

菌盖直径 4~5 cm，先凸后平展，颜色差异较大，绿色至亮棕色，边缘灰白色，有条纹；中间凹陷，绿色，不黏，菌褶密度中，直生至稍微延生，白色，等长，幼嫩菌褶有油腻感，弹性强。菌柄长 3.3~4 cm，粗 0.8 cm，白色，圆柱形，肉质，空心。孢子印白色，担孢子宽椭圆形，（6.5~9.5）μm ×（5.5~7）μm，表面具疣状突起，无网状结构，无色。

生境：单生于阔叶林地上。

产地：官山国家级自然保护区，采集时间 2023 年 5 月 12 日和 2023 年 8 月 30 日，凭证标本：G042023051217 和 G042023083001。

分布：江西省，福建省，西藏自治区，贵州省，湖南省，广东省，湖北省，安徽省，四川省，新疆维吾尔自治区，江苏省，吉林省，河南省，广西壮族自治区，海南省，重庆市，云南省，北京市，甘肃省，陕西省，山东省，浙江省，内蒙古自治区，青海省，辽宁省，台湾省，黑龙江省，山西省。

经济价值：菌根菌，食用菌，药用菌。

蓝黄红菇 *Russula cyanoxantha*

212 偏生红菇

Russula eccentrica Peck, Bulletin of the New York State Museum 150: 61 (1911)

菌盖直径 8 cm，肉质，薄，浅棕色，触摸有蜡质感，无毛，中间略有凹陷至平展，边缘均匀弯曲上翘，气味难闻。菌褶稀疏，弯生，淡粉色至棕粉色，有褐色斑点，不等长。菌柄长 7 cm，粗 2 cm，土黄色，圆柱形，肉质，实心，基部有白色菌丝。担子（48~65）μm ×（6.5~8.5）μm，具 4 个孢子小梗，狭棒状至近圆柱形。孢子印白色，担孢子（6~9）μm ×（5~6）μm，椭球形，具纹饰。侧生囊状体数量众多，近圆柱形。

生境：单生于阔叶林地上。

产地：官山国家级自然保护区，采集时间 2023 年 7 月 1 日，凭证标本：G042023070111。

分布：北美，韩国，瑞士。

经济价值：菌根菌，毒菌。

偏生红菇 *Russula eccentrica*

213 淡黄红菇

Russula flavida Frost, Annual Report on the New York State Museum of Natural History 32: 32 (1880)

子实体单生，菌盖直径 3.5 cm，平展且中央下凹，表面不黏，绒毛状，亮黄色至橙黄色。菌肉白色，味不(辛)辣。菌褶直生，密或稍密，常有分叉，白色至淡黄色，受伤不变色。菌柄中生，长 3 cm，粗 1 cm，白色至淡黄色，从基部往上颜色逐渐变浅。孢子印白色至极淡黄色，担孢子椭圆形或近圆形，(5.5~8.5) μm×(5~7) μm，表面有小型的刺状突起或网状结构。

生境： 单生于阔叶林地上。

产地： 官山国家级自然保护区，采集时间 2023 年 8 月 31 日，凭证标本：G042023083146。

分布： 山东省，福建省，青海省，云南省，辽宁省，吉林省，黑龙江省，四川省。

经济价值： 菌根菌，毒菌。

淡黄红菇 *Russula flavida*

214 脆红菇

Russula fragilis Fr., Stirpes agri Femsionensis 5: 57 (1825)

菌盖直径 2 cm，粉色至紫粉色，边缘有皱纹。菌褶直生至弯生，白色，等长。菌肉白色，味辛辣，菌肉中可见球形细胞。菌柄棒状，长 2.5 cm，粗 0.8 cm，白色，脆骨质；基部淡黄色，稍膨大。孢子印白色，担孢子球形至近球形，（7.5~9）μm ×（6~8）μm，表面具明显的网状纹饰。

生境：单生于路边苔藓上。

产地：官山国家级自然保护区，采集时间 2022 年 7 月 6 日，凭证标本：G042022070644。

分布：福建省，西藏自治区，贵州省，湖南省，广东省，湖北省，安徽省，四川省，新疆维吾尔自治区，江苏省，吉林省，河北省，河南省，广西壮族自治区，海南省，江西省，云南省，山东省，浙江省，内蒙古自治区，青海省，辽宁省，台湾省，黑龙江省，山西省。

经济价值：菌根菌，药用菌。

脆红菇 *Russula fragilis*

215 淡紫红菇

Russula lilacea Quél., Bulletin de la Société Botanique de France 23: 330, XLVI (1877)

菌盖直径 2 cm，初期半圆形，淡粉红色，无条纹。菌褶密，离生，白色，等长，薄，易碎。菌柄长 2.5 cm，粗 1.2 cm，白色，圆柱形，肉质，空心。菌肉白色，脆而软。担子棒状，具 4 个孢子小梗，（40~45）μm ×（9~11）μm。担孢子近球形，（6~9）μm ×（6~8）μm，具小的网状疣尖，有明显的柄，无色。

生境： 单生于阔叶林地上。

产地： 官山国家级自然保护区，采集时间 2023 年 7 月 3 日和 2023 年 8 月 31 日，凭证标本：G042023070308 和 G042023083140。

分布： 江西省，广西壮族自治区，福建省，海南省，广东省，云南省，香港特别行政区，安徽省，甘肃省，陕西省，山东省，新疆维吾尔自治区，浙江省，江苏省，吉林省，山西省，河北省，河南省。

经济价值： 菌根菌，食用菌，药用菌。

淡紫红菇 *Russula lilacea*

216 蜜味红菇

Russula melliolens Quél., Comptes Rendus de l'Association Française pour l'Avancement des Sciences 26(2): 449~450 (1898)

菌盖直径 45 mm，平展至漏斗形，粉红色至红色，边缘呈波状或浅裂状。菌肉紧实，白色，味道清淡稍甜。菌褶密度中，质脆，延生，不等长，白色。菌柄圆柱形，长 55 mm，粗 15 mm，白色，受伤后变黄。孢子印白色，担孢子近球形，(8~11) μm × (7~10) μm，具网状纹饰。

生境： 单生于阔叶林地上。

产地： 官山国家级自然保护区，采集时间 2022 年 7 月 4 日，凭证标本：G042022070410。

分布： 云南省，四川省，浙江省。

经济价值： 食用菌，菌根菌。

蜜味红菇
Russula melliolens

217 嫩白红菇

Russula pallidula Bin Chen & J.F. Liang, Sydowia 71: 2 (2019)

子实体小到中型，菌盖直径 4~5.5 cm，半球形至平展，中央稍凹陷，奶油色，中央淡橙黄色，表面不黏，边缘开裂。菌褶直生或稍延生，密度中，白色至淡黄色，质脆，易碎。菌柄中生，近棒状至圆柱形，表面干燥，纵向有皱纹，无环，白色，基部浅黄色，下部稍弯曲，成熟时髓内空。菌肉味道甜。担子棒状至近棒状，具 4 个孢子小梗，（30~45）μm ×（10~15）μm。孢子印奶油色，担孢子球形至近球形或椭圆形，透明，表面具疣状突起并形成部分纹饰，（6~8）μm ×（4.5~7.5）μm。

生境： 单生于阔叶林地上。

产地： 官山国家级自然保护区，采集时间 2023 年 5 月 13 日，凭证标本：G042023051302。

分布： 浙江省，广东省，云南省，贵州省，江西省

经济价值： 菌根菌。

嫩白红菇 *Russula pallidula*

218 拟蓖形红菇

Russula insignis Quél., C. r. Assoc. Franç. Avancem. Sci. 16(2): 588 (1888)

子实体小至中等。菌盖直径 3~6 cm，初期扁半球形，后平展，中部下凹呈浅漏斗状，表面湿时黏，平滑无鳞片，浅褐黄色或暗茶褐色，中央色深，干后表面全为暗茶褐色，边缘具明显的由小疣组成的条棱。菌肉白色，中部稍厚而靠边缘甚薄。菌褶白色，伤处久后变浅锈褐色，直生，稍密或稍稀，等长或很少有短菌褶，有分叉，褶间具横脉。菌柄圆柱状，稍弯曲，白色或浅灰褐色，长 3~6 cm，粗 0.4~1.4 cm，表面平滑，内部松软至空心。孢子无色，近球形，有小刺，6~8 μm。

生境：散生于阔叶林地上。

产地：官山国家级自然保护区，采集时间 2023 年 5 月 13 日，凭证标本：G042023051336。

分布：陕西省，福建省，山东省，浙江省，贵州省，广东省，湖南省，云南省，台湾省，吉林省，北京市，甘肃省。

经济价值：菌根菌，食用菌。

拟蓖形红菇 *Russula insignis*

219 斑柄红菇

Russula punctipes Singer, Annales Mycologici 33(5-6): 312 (1935)

菌盖直径 5 cm，平展，中央凹陷，赭色至棕色，不黏，边缘尖锐具瘤状条纹。菌褶密度中，弯生，米黄色，不等长，有分叉，部分菌褶有棕色斑点。菌柄中生，长 1.4 cm，粗 1.5 cm，淡黄色并带有赭棕色斑点，圆柱形，脆骨质，空心。有臭味。担子棒状，具 4 个孢子小梗，(32.0~54) μm ×（10.5~18.5）μm。孢子印白色，担孢子球形至宽椭圆形，(7~10.5) μm ×（6.0~10）μm。

生境：散生于阔叶林地上。

产地：官山国家级自然保护区，采集时间 2023 年 8 月 30 日，凭证标本：G042023083003 和 G042023083008。

分布：江西省，湖南省，广东省，安徽省。

经济价值：菌根菌。

斑柄红菇 *Russula punctipes*

220 点柄黄红菇

Russula senecis S. Imai, Journal of the Faculty of Agriculture of the Hokkaido Imperial University 43: 344 (1938)

菌盖圆形，直径 6 cm，平展且中央凹陷，稍黏，淡赭色至黄褐色，边缘淡黄色，具瘤状条纹。菌褶直生至稍延生，密度小至中等，白色至淡黄色，不等长。菌柄圆柱形，长 5.5 cm，粗 1 cm，中生，稍弯曲，表面光滑，奶油色至暗黄色。担子棒状，具 4 个孢子小梗，(32~38) μm × (10~10.7) μm。孢子印奶油色，担孢子球状至近球状，表面具疣状突起，(7.5~9) μm × (7.5~8.5) μm。

生境：单生于阔叶林地上。

产地：官山国家级自然保护区，采集时间 2023 年 7 月 3 日，凭证标本：G042023070302。

分布：广西壮族自治区，福建省，西藏自治区，海南省，贵州省，江西省，湖北省，广东省，云南省，北京市，香港特别行政区，四川省，安徽省，甘肃省，山东省，陕西省，浙江省，江苏省，辽宁省，吉林省，河南省。

经济价值：菌根菌，药用菌，毒菌。

点柄黄红菇 *Russula senecis*

221 亚黑红菇

Russula subnigricans Hongo, J. Jap. Bot. 30(3): 79 (1955)

子实体散生或群生。菌盖直径 7~12 cm，扁平而中央下凹，表面干燥，有细绒毛，酒红色至棕色，边缘色较浅，外皮难剥落，无粒状沟纹。菌肉肥厚，致密，白色，伤后带红色，不变黑色，无味无臭。菌褶直生或稍延生，灰白色。菌柄中生，长 4.5 cm，粗 1.1 cm，苍白色略带暗粉棕色或酒棕色，圆柱形，脆骨质，空心。孢子印白色，担孢子近球形或卵形，具小疣和不明显的网状结构，（7.5~10）μm×（6.5~7）μm。

生境：散生于阔叶林地上。

产地：官山国家级自然保护区，采集时间 2023 年 8 月 31 日，凭证标本：G042023083107。

分布：江西省，广西壮族自治区，福建省，海南省，贵州省，重庆市，湖南省，湖北省，广东省，四川省，甘肃省，浙江省，青海省，辽宁省，吉林省，台湾省，黑龙江省，河南省。

经济价值：剧毒。不完全统计显示，中国南方发生的 852 起蘑菇中毒事件中，有近 1/4 与误食该种有关。

亚黑红菇 *Russula subnigricans*

222 措卡红菇

Russula tsokae K. Das, van de Putte & Buyck, Cryptog. Mycol. 31(4): 375 (2010)

菌盖直径 3.3 cm，半球形，中央稍凹陷，红棕色，光滑，黏，边缘有条纹。菌褶密，离生，奶油色至淡黄色，不等长，有分叉，成熟后经常变成斑点或部分变成褐红色，边缘轻微开裂。菌柄长 7.9 cm，粗 1.3 cm，圆柱形至倒卵形，橙黄色，伤不变色。担子棍棒状至近棍棒状，具 4 个孢子小梗，（48~62）μm ×（11~13）μm。担孢子乳白色，球形至近球形，（8.8~11）μm ×（8.4~11）μm，具纹饰。柄生囊状体（35~48）μm ×（4~5）μm，圆柱形至梭形，头状至尖头状，内含物密集。

生境：单生于阔叶林枯枝落叶层上。

产地：官山国家级自然保护区，采集时间 2022 年 7 月 8 日，凭证标本：G042022070874。

分布：印度措卡（Tsoka）。

经济价值：菌根菌。

措卡红菇
Russula tsokae

223 紫柄红菇

Russula violeipes Quél., Comptes Rendus de l'Association Française pour l'Avancement des Sciences 26(2): 450 (1898)

菌盖直径 3.5 cm，平展，中央凹陷，粉红色至紫红色，不黏，边缘稍内卷。菌肉白色，受伤后不变色。菌褶白色，不等长，直生，肉质，受伤后不变色。菌柄中生，长 4.4 cm，粗 0.5 cm，圆柱形，稍弯曲，具纵条纹。担子棒状，具 2 个或 4 个孢子小梗，透明，（30~40）μm ×（8.5~11）μm。担孢子近球形，具疣状突起，（6~9）μm ×（5~6.5）μm。

生境： 单生于阔叶林地上。

产地： 官山国家级自然保护区，采集时间 2023 年 7 月 3 日，凭证标本：G042023070307。

分布： 山东省，浙江省，广东省，吉林省，河南省，贵州省，甘肃省，陕西省，湖北省。

经济价值： 菌根菌，食用菌。

紫柄红菇
Russula violeipes

224 印度碗状红菇

Russula viridicinnamomea F. Yuan & Y. Song, Cryptoga. Mycol. 40(4): 47 (2019)

菌盖直径 4.5 cm，扁平形，边缘全缘，表面易剥离至半径中部，无毛，干燥，不黏，灰黄色，边缘稍浅。菌褶直生，等长，很少有分叉，灰白色，受伤后颜色不变，边缘均匀，同色。菌柄中生，长 4.5 cm，粗 0.8 cm，圆柱形，实心，表面干燥，灰白色，具纵向皱纹。担子棍棒状至近圆柱形，多数具 4 个孢子小梗，很少有 2 个或 3 个孢子小梗，（31~45.5）μm ×（8.5~11.5）μm。孢子印白色，担孢子近球形至椭球形，（5~8）μm ×（3.5~5.5）μm，透明，具疣状至圆锥形突起。

生境： 单生于阔叶林地上。

产地： 官山国家级自然保护区，采集时间 2023 年 8 月 30 日，凭证标本：G042023083015。

分布： 浙江省，贵州省，湖北省，云南省，广东省。

经济价值： 菌根菌。

印度碗状红菇 *Russula viridicinnamomea*

225 裂褶菌

Schizophyllum commune Fr., Observationes Mycologicæ 1: 103 (1815)

担子果小型，菌盖直径 0.5~3 cm，扇形或肾形，具裂瓣。菌盖表面白色、灰白色至黄棕色，覆有绒毛或粗毛，盖缘内卷，有条纹。菌肉薄，白色，韧。菌褶从基部辐射而出，窄，白色或灰白色，有时淡紫色，褶缘纵裂成深沟纹。菌柄短或无。担孢子（5~7.5）μm ×（2~3.5）μm，长椭圆形或腊肠形，无色，光滑。

生境：群生于混交林腐木上。

产地：官山国家级自然保护区，采集时间 2022 年 7 月 7 日和 2023 年 3 月 15 日，凭证标本：G042022070714 和 G042023031512。

分布：江西省，福建省，西藏自治区，贵州省，上海市，湖南省，广东省，湖北省，香港特别行政区，四川省，安徽省，新疆维吾尔自治区，江苏省，吉林省，宁夏回族自治区，河北省，河南省，广西壮族自治区，海南省，重庆市，云南省，北京市，甘肃省，陕西省，山东省，浙江省，内蒙古自治区，青海省，辽宁省，台湾省，黑龙江省，山西省。

经济价值：食用菌，药用菌。

裂褶菌 *Schizophyllum commune*

226 亚凤仙刺毛鬼伞

Tulosesus subimpatiens (M. Lange & A.H. Sm.) D. Wächt. & A. Melzer, Mycological Progress 19(11): 1212 (2020)

菌盖直径 0.4~0.6 cm，边缘灰色，中间淡黄色，钟形，边缘有条纹。菌褶密，弯生，紫褐色，不等长。菌柄长 1.2~2.2 cm，粗 0.1 cm，银白色，圆柱形，空心。担子（18~43）μm ×（9~10）μm，具 4 个孢子小梗。担孢子（9.3~14.1）μm ×（6.2~8.2）μm，椭圆形至卵形。

生境：散生于阔叶林腐木上。

产地：官山国家级自然保护区，采集时间 2023 年 3 月 15 日，凭证标本：G042023031503。

分布：中国各地。

经济价值：毒菌。

亚凤仙刺毛鬼伞 *Tulosesus subimpatiens*

227 暹罗黄蘑菇

Xanthagaricus siamensis Yuan S. Liu & S. Lumyong, Phytotaxa 437(1): 17 (2020)

菌盖直径 1.2 cm，初期扁半球形，后平展，中部凹陷，菌盖表面白色，被有紫褐色至褐色小鳞片，呈带状排列，中部鳞片密集，菌盖边缘具残留白色菌幕。菌褶密，弯生，白色，不等长。菌柄长 2 cm，粗 0.1 cm，上面黄色，下面棕色，圆柱形，纤维质，实心。担子棒状，具 4 个孢子小梗，（10.5~15）μm ×（4.5~6）μm。担孢子椭圆形至长圆形，黄白色至棕橙色，（4~5.5）μm ×（2.5~3）μm。

生境：单生于混交林地上。

产地：官山国家级自然保护区，采集时间 2023 年 8 月 31 日，凭证标本：G042023083109。

分布：广西壮族自治区。

经济价值：食用菌。

暹罗黄蘑菇 *Xanthagaricus siamensis*

第七章

牛肝菌

Boletes

228 灰褐金牛肝菌

Aureoboletus griseorufescens Ming Zhang & T.H. Li, MycoKeys 61: 124 (2019)

菌盖直径 1.8 cm，土红色，不黏，半球形，无条纹。菌肉伤变蓝。菌孔圆形至角形，淡黄色，2~4 mm，受伤后不变色，1~2 个/mm^2。菌柄长 2.8 cm，粗 0.8 cm，米黄色，纺锤形，肉质，实心。担子棒状，具 4 个孢子小梗，(25~30) μm × (7~11) μm。担孢子 (8~11) μm × (4~5.5) μm，侧面呈近梭形，光滑，在 5% 氢氧化钾溶液中呈黄色至黄棕色。褶缘囊状体不常见。

生境：散生于混交林松林中。

产地：官山国家级自然保护区，采集时间 2022 年 8 月 30 日，凭证标本：G042022083023。

分布：广东省。

经济价值：菌根菌。

灰褐金牛肝菌 *Aureoboletus griseorufescens*

229 萝卜味金牛肝菌

Aureoboletus raphanaceus Ming Zhang & T.H. Li, MycoKeys 61: 126 (2019)

菌盖直径 1.9~2.3 cm，米黄色至粉白色，菌盖干燥，表面被有绒毛状鳞片，平展，边缘无条纹。菌管管口角形，管面黄色，深 4~7 mm，浅黄色，受伤后不变色。菌柄长 2.3~2.9 cm，粗 0.4~0.6 cm，灰白色，中生，圆柱形，纤维质，实心，基部菌丝白色。具有萝卜气味。担子（20~30）μm ×（8~11）μm，棒状，具 4 个孢子小梗。担孢子（7.5~9）μm ×（5~6）μm，卵圆形，光滑，在 5% 氢氧化钾溶液中呈黄色至浅棕色。

生境：散生于阔叶林地上。

产地：官山国家级自然保护区，采集时间 2022 年 7 月 11 日，凭证标本：G042022071109。

分布：江西省，广东省，浙江省。

经济价值：菌根菌。

萝卜味金牛肝菌 *Aureoboletus raphanaceus*

230 红盖金牛肝菌

Aureoboletus rubellus Kuan Zhao & G. Wu, Phytotaxa 420(1): 75 (2019)

菌盖直径 3~4 cm，平凸状，表面棕红色，受伤后颜色不变；表面被细绒毛。菌孔表面金黄色至鲜黄色，受伤后颜色不变，菌孔角形，3~4 个/mm^2，菌管深约 1.5 mm，与菌孔表面同色，长 0.4~0.5 cm。菌柄中生，长 4~6 cm，粗 0.5~0.9 cm，近圆柱形，实心，表面淡黄色，无网纹；基部菌丝体呈白色。担子棒状，具 4 个孢子小梗，（28~42）μm ×（7~11）μm。担孢子卵形至肾形，淡黄色，光滑，（8~11）μm ×（5~6）μm。

生境：散生于阔叶林地上。

产地：官山国家级自然保护区，采集时间 2023 年 7 月 4 日和 2023 年 8 月 30 日，凭证标本：G042023070414 和 G042023083016。

分布：广东省，贵州省，江西省，吉林省，辽宁省，西藏自治区，湖南省。

经济价值：菌根菌，食用菌。

红盖金牛肝菌 *Aureoboletus rubellus*

231 西藏金牛肝菌

Aureoboletus thibetanus (Pat.) Hongo & Nagas., Rep. Tottori Mycol. Inst. 18: 133 (1980)

菌盖直径 0.8 cm，表面皱缩，具明显的皱纹或网纹，栗棕色至锈棕色，黏，半球形。菌管黄色，管口圆形至角形，4~8 mm。菌柄长 4 cm，粗 1.4 cm，圆柱形，纤维质，实心，表面乳白色。担子棒状，（24~30）μm ×（8~10.5）μm。孢子印浅棕橄榄色，担孢子椭圆形至近梭形，（9~15）μm ×（4~5.5）μm。

生境： 散生于阔叶林地上。

产地： 官山国家级自然保护区，采集时间 2022 年 7 月 8 日，凭证标本：G042022070808。

分布： 西藏自治区，云南省，四川省。

经济价值： 菌根菌，食用菌。

西藏金牛肝菌 *Aureoboletus thibetanus*

232 梭孢南牛肝菌

Austroboletus fusisporus (Kawam. ex Imazeki & Hongo) Wolfe, Bibliotheca Mycologica 69: 96 (1980)

子实体小型，菌盖直径 1.1 cm，圆锥形，表面黏，红棕色至橙褐色，被有绒状鳞片，菌盖边缘延伸并包住菌柄，菌肉受伤颜色不变。菌管短，4~7 mm，浅灰色，受伤后颜色不变。菌柄长 3.8 cm，粗 0.5 cm，棒状，与菌盖颜色一致。担子（27.5~35）μm ×（12.5~17）μm，棒状至细长棒状，具 4 个或 2 个孢子小梗。担孢子近圆柱形，（13.5~18.5）μm ×（8~11）μm，淡黄色至棕黄色。褶缘囊状体（40~57）μm ×（10~16）μm。

生境：单生于阔叶林地上。

产地：官山国家级自然保护区，采集时间 2023 年 8 月 30 日，凭证标本：G042023083025。

分布：江西省，福建省，海南省，重庆市，湖南省，广东省，云南省，香港特别行政区，四川省。

经济价值：菌根菌，食用菌。

梭孢南牛肝菌 *Austroboletus fusisporus*

233 绿盖裘氏牛肝菌

Chiua virens (W.F. Chiu) Yan C. Li & Zhu L. Yang, Fungal Diversity 81: 79 (2016)

菌盖直径 3.5 cm，中间黄绿色，半球形，边缘无条纹，受伤后颜色不变。菌管管面米黄色，角形，白色，1~2 个/mm^2，长 5~12 mm。菌柄长 6 cm，粗 0.4 cm，亮黄色至黄棕色，圆柱形，纤维质，实心，受伤后不变色。担子（20~30）μm ×（9~14）μm，棒状，多数具 4 个孢子小梗，很少具 2 个孢子小梗。担孢子长椭圆形，（7.5~12.8）μm ×（4.3~6.2）μm，光滑，浅黄褐色。

生境：单生于阔叶林地上。

产地：官山国家级自然保护区，采集时间 2022 年 7 月 8 日，凭证标本：G042022070822。

分布：广东省，云南省，湖北省，陕西省，贵州省，浙江省，甘肃省，重庆市，江西省。

经济价值：菌根菌，食用菌。

绿盖裘氏牛肝菌 *Chiua virens*

234 黄肉粉蓝牛肝菌

Cyanoboletus flavocontextus L. Fan, N. Mao & T.Y. Zhao, Mycosphere 14(1): 2034 (2023)

菌盖直径 6.7 cm，褐色，潮湿时表面黏，圆形扁平，中央略凹陷，边缘无条纹。菌肉黄绿色，受伤后变为蓝色。菌管黄绿色，4~9 mm，管口角形，受伤后迅速变为蓝色。菌柄长 3.3 cm，粗 1 cm，黄棕色，圆柱形，纤维质，实心，基部稍膨大，有白色菌丝。担子棒状，（29~39）μm×（9~13）μm，具 4 个孢子小梗。担孢子椭圆形至近梭形，（11.5~13.5）μm×（4.5~6）μm，在水和 5% 氢氧化钾溶液中呈黄棕色。

生境： 单生于阔叶林地上。

产地： 官山国家级自然保护区，采集时间 2022 年 7 月 4 日，凭证标本：G042022070418。

分布： 陕西省。

经济价值： 菌根菌。

黄肉粉蓝牛肝菌 *Cyanoboletus flavocontextus*

235 粉状绒盖牛肝菌

Cyanoboletus pulverulentus (Opat.) Gelardi, Vizzini & Simonini, Index Fungorum 176: 1 (2014)

菌盖直径 4.5 cm，平凸状，表面呈深红棕色，干燥。果肉黄色，味道温和，受伤后立即变成黑蓝色。菌孔表面黄色至棕黄色，受伤后变深蓝色，菌孔圆形至角形，1~2 个/mm^2，菌管深可达 15 mm。菌柄中生，细长，长 5 cm，粗 0.6 cm，顶部鲜黄色至橙黄色，基部红棕色，基部菌丝白色。担子（22~35）μm×（6~9）μm。孢子印橄榄棕色，担孢子纺锤形至椭圆形，光滑，（11~14）μm×（4.5~6）μm。

生境：散生于阔叶林地上。

产地：官山国家级自然保护区，采集时间 2023 年 8 月 30 日，凭证标本：G042023083019。

分布：浙江省，吉林省，贵州省，西藏自治区。

经济价值：菌根菌，食用菌，药用菌。

粉状绒盖牛肝菌 *Cyanoboletus pulverulentus*

236 棕盖圆孔牛肝菌

Gyroporus porphyreus N.K. Zeng, H.J. Xie & Zhi Q. Liang, Mycological Progress 21(1): 83 (2022)

菌盖直径 6 cm，黄棕色，表面干燥，扁平。菌管管口圆形至角形，长 3~5 mm，管面鹅黄色，受伤颜色不变。菌柄长 6 cm，粗 1.2 cm，圆柱形，棕色至红棕色，脆骨质，空心，受伤后颜色不变，基部稍膨大，基部菌丝白色。担子（21~30）μm ×（11~13.5）μm，棒状，薄壁，具 4 个孢子小梗。担孢子（6.5~10.5）μm ×（3.5~5.5）μm，卵形至椭球体，光滑，在 5% 氢氧化钾溶液中呈黄棕色。

生境： 单生于阔叶林地上。

产地： 官山国家级自然保护区，采集时间 2023 年 8 月 30 日，凭证标本：G042023083007。

分布： 福建省。

经济价值： 菌根菌。

棕盖圆孔牛肝菌 *Gyroporus porphyreus*

237 细绒园圃牛肝菌

Hortiboletus subpaludosus (W.F. Chiu) Xue T. Zhu & Zhu L. Yang, Fungal Diversity 81: 99 (2016)

子实体小至中型，菌盖直径 3.5 cm，菌盖圆形，中间稍凸，表面干燥，柔软，红色至红棕色，边缘黄色。菌孔表面黄色，受伤后变蓝，圆形至角形，1~2 个/mm^2；菌管与菌孔表面同色，受伤后变蓝。菌柄长 4.0 cm，粗 0.8 cm，近圆柱形，上部黄色，中部红棕色，基部白色至污白色，具纵向纤丝。担子棒状，具 4 个孢子小梗，（25~40）μm ×（11~14）μm。担孢子侧面梭形至长杏仁形，正面亚梭形，棕黄色，光滑，（10.5~14）μm ×（4~5.5）μm。

生境：散生于阔叶林地上。

产地：官山国家级自然保护区，采集时间 2023 年 5 月 13 日，凭证标本：G042023051322。

分布：云南省，黑龙江省，吉林省，辽宁省，河南省，陕西省，安徽省，江苏省，浙江省，湖南省，四川省，贵州省，西藏自治区、福建省，台湾省，广东省，海南省。

经济价值：菌根菌，食用菌。

细绒园圃牛肝菌 *Hortiboletus subpaludosus*

238 密鳞厚瓤牛肝菌

Hourangia densisquamata N.K. Zeng, Yi Wang & Zhi Q. Liang, Phytotaxa 472(2): 95 (2020)

子实体小型，菌盖直径 3.5 cm，扁平，表面干燥，密被浅棕色至棕色细鳞。菌肉黄白色，受伤后迅速变蓝。菌管角状，长 0.4~0.7 cm，淡黄色，受伤后变蓝。菌柄中生，长 3 cm，粗 0.5 cm，近圆柱形，实心，表面干燥，被有棕色鳞片，基部具白色菌丝。担子（17~33）μm ×（6~10）μm，棒状，薄壁，具 4 个孢子小梗，在 5% 氢氧化钾溶液中呈无色至浅黄色。担孢子近纺锤形至椭圆形，（8~11）μm ×（4~5）μm，在 5% 氢氧化钾溶液中呈黄色至黄棕色。

生境： 散生于阔叶林地上。

产地： 官山国家级自然保护区，采集时间 2022 年 7 月 12 日，凭证标本：G042022071214。

分布： 浙江省，海南省，福建省。

经济价值： 菌根菌。

密鳞厚瓤牛肝菌 *Hourangia densisquamata*

239 白丝褶孔牛肝菌

Phylloporus leucomycelinus Singer, Persoonia 9(4): 426 (1978)

菌盖直径 2.1 cm，深红色至栗红色，平展，中央稍凹陷，表面干燥，具裂纹。菌褶密度中，延生，黄色，不等长。菌柄长 0.5 cm，粗 0.2 cm，棕色，圆柱形，纤维质，实心。担子具 4 个孢子小梗，（20~25）μm×（6~7）μm。孢子印淡黄色，担孢子椭圆形至纺锤形，（8~14）μm×（3~5）μm。

生境： 散生于阔叶林地上。

产地： 官山国家级自然保护区，采集时间 2022 年 7 月 9 日，凭证标本：G042022070902。

分布： 云南省。

经济价值： 菌根菌，食用菌，工业染料。

白丝褶孔牛肝菌 *Phylloporus leucomycelinus*

240 黑褐褶孔牛肝菌

Phylloporus nigrobruneus N.K. Zeng, L.L. Wu & Y.G. Fan, Mycological Progress 20(10): 1266 (2021)

菌盖直径 3.2 cm，表面干燥，平展，边缘上翘，中央黑棕色，边缘浅棕色，受伤后颜色不变。菌褶延生，米黄色，不等长，受伤后颜色不变。菌柄长 5.5 cm，粗 0.6 cm，圆柱形，肉质，空心，黄色至黄棕色，受伤后颜色不变，基部菌丝白色。担子（28~38）μm ×（9~10）μm，棒状，具 4 个孢子小梗，在 5% 氢氧化钾溶液中呈无色至淡黄色。担孢子（8.5~12）μm ×（3~4.5）μm，近梭形，5% 氢氧化钾溶液中呈黄色至黄棕色。褶缘囊状体（45~60）μm ×（13~15）μm，近棍棒状或近纺锤形。

生境： 单生于阔叶林地上。

产地： 官山国家级自然保护区，采集时间 2023 年 8 月 30 日，凭证标本：G042023083005。

分布： 海南省，云南省。

经济价值： 菌根菌。

黑褐褶孔牛肝菌 *Phylloporus nigrobruneus*

241 褐红粉孢牛肝菌

Tylopilus brunneirubens (Corner) Watling & E. Turnbull, Edinburgh Journal of Botany 51: 332 (1994)

菌盖初期呈半球形或扁半球形，后期近扁平，浅红棕色到暗棕色。菌肉较厚，白色，受伤后呈棕色。菌管长 4~8 mm，白色，受伤后呈棕色。菌柄粗壮呈棒状，内部实心，基部稍膨大。担子具 4 个孢子小梗。担孢子（12.2~13）μm ×（4~4.8）μm，淡棕色，光滑。褶缘囊状体透明，葫芦形。

生境： 单生于阔叶林地上。

产地： 官山国家级自然保护区，采集时间 2023 年 8 月 31 日，凭证标本：G042023083137。

分布： 福建省，云南省，江西省。

经济价值： 菌根菌。

褐红粉孢牛肝菌 *Tylopilus brunneirubens*

第八章

腹　菌

Gasteriod Fungi

242 日本丽口菌

Calostoma japonicum Henn., Botanische Jahrbücher für Systematik Pflanzengeschichte und Pflanzengeographie 31: 738 (1902)

子实体头部椭圆形，高 0.5~1.2 cm，直径 0.5~1 cm，近球形或梨形，具明显褶皱，基部有柄，幼时子实体外包有果冻状物。顶端红色，呈星状开裂，裂片分叉。外包被朱红色，膜质；内包被软骨质。菌柄外被有胶质物，长 1.5~3 cm，粗 1~2 cm，红色至黄棕色。担子圆柱形或棒形，（40~50）μm ×（15~20）μm，具 5~12 个孢子小梗。担孢子（14~20）μm ×（6~9）μm，椭圆形，透明至淡黄色。

生境：散生于松树等林地上。

产地：官山国家级自然保护区，采集时间 2022 年 7 月 8 日，凭证标本：G042022070848。

分布：江西省，浙江省，广东省，湖南省，香港特别行政区。

经济价值：药用菌。

日本丽口菌 *Calostoma japonicum*

243 白秃马勃

Calvatia candida (Rostk.) Hollós , Term. Füz. 25: 112 (1902)

子实体小，梨形或扁球形，无柄，无气味。外包被薄，淡黄色，不规则块状，易剥落。产孢组织柔软，黄色，呈棉质的粉状物。担孢子球形或近球形，（5~5.5）μm×（4.9~5.4）μm，黄褐色，具密集疣状突起。

生境：单生于阔叶林地上。

产地：官山国家级自然保护区，采集时间2023年7月2日和2023年7月4日，凭证标本：G042023070205和G042023070419。

分布：广西壮族自治区，西藏自治区，贵州省，重庆市，湖北省，广东省，云南省，四川省，甘肃省，陕西省，山东省，新疆维吾尔自治区，浙江省，江苏省，内蒙古自治区，青海省，辽宁省，河北省，山西省，江西省。

经济价值：食用菌，药用菌。

白秃马勃 *Calvatia candida*

244 头状秃马勃

Calvatia craniiformis (Schwein.) Fr. ex De Toni, in Berlese, De Toni & Fischer, Syll. fung. (Abellini) 7(1): 106 (1888)

子实体陀螺状或倒梨形，高 4~5 cm。菌盖直径 3~3.5 cm，黄褐色，受伤后变褐，基部稍发黄，成熟后呈橄榄色。菌肉初期白色，紧实，成熟后形成担孢子，变橄榄褐色。孢子印橄榄棕色，担孢子球形或亚球形，透明，2.5~3.5 μm，表面具小疣。

生境：散生于阔叶林地上。

产地：官山国家级自然保护区，采集时间 2023 年 8 月 31 日，凭证标本：G042023083122。

分布：江西省，福建省，西藏自治区，贵州省，上海市，湖南省，广东省，湖北省，香港特别行政区，安徽省，四川省，江苏省，吉林省，河北省，河南省，广西壮族自治区，海南省，重庆市，云南省，甘肃省，陕西省，山东省，浙江省，内蒙古自治区，青海省，辽宁省，台湾省，黑龙江省，山西省。

经济价值：食用菌，药用菌。

头状秃马勃 *Calvatia craniiformis*

245 荔枝地星

Geastrum litchi T. Bau & Xin Wang, J. Fungi 9(2, no. 251): 11 (2023)

未展开的菌蕾呈深红棕色，直径 0.9~2.3 cm，基部菌丝为白色。外皮展开的担子果直径 1.6~2.4 cm。外皮分裂为 5~7 裂片，裂片宽 0.5~1.1 cm，内表面光滑，肉粉色，前端渐细。内包球形，棕灰色，直径 1.2~1.4 cm，顶部凸出或延伸成喙，长 0.1~0.2 cm，无柄，无隆起。担孢子球形，直径 2.8~4.1 μm，在 5% 氢氧化钾溶液中呈黄棕色至深棕色，表面具短柱状突起。

生境： 散生于混交林地上。

产地： 官山国家级自然保护区，采集时间 2023 年 7 月 4 日，凭证标本：G042023070416。

分布： 广东省。

经济价值： 不明。

荔枝地星 *Geastrum litchi*

246 木生地星

Geastrum mirabile Mont., Annales des Sciences Naturelles Botanique sér. 4, 3: 139 (1855)

菌蕾小型，(0.6~1.3) cm ×(0.4~1) cm，灰白色。外包烟灰色，开裂形成 5~7 瓣裂片，顶端向下翻卷，基部具白色菌丝簇，生于腐木上的常形成淡黄色菌丝垫。内包被球形或近球形，棕灰色，直径 0.3~0.9 cm，嘴部突起呈短圆锥形。担孢子近球形，(2~4) μm×（4~4.5) μm。

生境：散生于混交林枯枝上。

产地：官山国家级自然保护区，采集时间 2022 年 7 月 7 日和 2023 年 7 月 4 日，凭证标本：G042022070728 和 G042023070407。

分布：广西壮族自治区，福建省，海南省，贵州省，广东省，湖南省，云南省，香港特别行政区，山东省，江苏省，内蒙古自治区，辽宁省，台湾省，河南省，江西省。

经济价值：不明。

木生地星 *Geastrum mirabile*

247 绒皮地星

Geastrum velutinum Morgan, Journal of the Cincinnati Society of Natural History 18: 38 (1895)

幼时菌蕾直径 1.0~1.6 cm，成熟菌蕾直径 1.4~2.3 cm。外包被浅囊状、深囊状，形成 7~12 瓣裂片，裂片宽 0.5~1.1 cm，非吸湿性。内包被球状，无梗，表面平滑，嘴部圆锥形，有纤毛状物，粉棕色至浅棕色，干后表面沿裂片边缘收缩。担孢子球形，浅棕色，直径 2.5~3 μm。

生境：散生于阔叶林枯枝上。

产地：官山国家级自然保护区，采集时间 2023 年 8 月 31 日，凭证标本：G042023083149。

分布：江西省，福建省，西藏自治区，海南省，贵州省，湖南省，广东省，云南省，安徽省，四川省，甘肃省，浙江省，内蒙古自治区，台湾省，河北省。

经济价值：药用菌。

绒皮地星 *Geastrum velutinum*

248 网纹马勃
Lycoperdon perlatum Pers., Ann. Bot. (Usteri) 15: 4 (1795)

子实体倒梨形，宽 3 cm，高 2.8 cm，具凸出的不育基部和圆形或稍扁的顶部，表面密被疣状突起，易脱落，浅棕色至棕色，子实体分两层，外层薄，不超过 1 mm；内层菌肉初期白色，海绵状，形成孢子后橄榄色至橄榄棕色；子实体基部呈黄色，附着有薄的白色根状菌丝。担子近球形，光滑，具 4 个孢子小梗，长 4~5 μm。担孢子球形，长 4~5 μm，具细小的疣刺，在 5% 氢氧化钾溶液中呈黄绿色。

生境：单生于混交林地上。

产地：官山国家级自然保护区，采集时间 2022 年 7 月 7 日、2022 年 7 月 8 日、2022 年 7 月 11 日和 2023 年 5 月 11 日，凭证标本：G042022070713、G042022070846、G042022071105 和 G042023051101。

分布：江西省，福建省，西藏自治区，贵州省，湖南省，广东省，湖北省，安徽省，四川省，新疆维吾尔自治区，江苏省，吉林省，宁夏回族自治区，河北省，河南省，广西壮族自治区，海南省，重庆市，云南省，北京市，甘肃省，陕西省，山东省，浙江省，内蒙古自治区，青海省，辽宁省，台湾省，黑龙江省，山西省。

经济价值：食用菌，药用菌。

网纹马勃 *Lycoperdon perlatum*

249 变紫马勃

Lycoperdon purpurascens Berk. & M.A. Curtis, Proceedings of the American Academy of Arts and Sciences 4: 124 (1860)

子实体小型，近球形至梨形，宽 1.5~3.5 cm，基部红棕色，成熟后变为浅烟紫色，表面近锐鳞状。担孢子黄橄榄色，光滑，球形，直径 3.5~4 μm，往往含 1 个油滴；孢丝与孢子同色，具分枝，宽 2.5~4.5 μm。

生境：散生于混交林腐木上。

产地：官山国家级自然保护区，采集时间 2022 年 7 月 10 日，凭证标本：G042022071032。

分布：江西省，海南省，广东省，辽宁省，甘肃省，山东省，陕西省，浙江省。

经济价值：菌根菌，药用菌。

变紫马勃 *Lycoperdon purpurascens*

250 网硬皮马勃

Scleroderma areolatum Ehrenb., Sylvae Mycologicae Berolinenses: 27 (1818)

子实体群生，直径 2.2 cm，近圆形，淤青红色，表面呈“豹皮”状，基部有白色根状菌丝束。孢子深紫色至橄榄棕色，球形至近球形，11~15 μm，表面具显著的长刺状突起，1.5~2 μm 。

生境：单生于阔叶林地上。

产地：官山国家级自然保护区，采集时间 2022 年 7 月 9 日和 2023 年 5 月 12 日，凭证标本：G042022070917 和 G042023051221。

分布：江西省，福建省，西藏自治区，贵州省，湖南省，广东省，安徽省，四川省，江苏省，吉林省，河北省，河南省，广西壮族自治区，海南省，云南省，北京市，甘肃省，山东省，陕西省，浙江省，内蒙古自治区，辽宁省，黑龙江省，山西省。

经济价值：食用菌，药用菌，菌根菌。

网硬皮马勃 *Scleroderma areolatum*

251 大孢硬皮马勃

Scleroderma columnare Berk. & Broome, Journal of the Linnean Society. Botany 14: 80 (1875)

子实体直径 3.2 cm，黄褐色，表面密被深棕色鳞片。假柄切开后呈淡红色，顶端破裂释放担孢子。担孢子 10~18 μm，球形，暗褐色。

生境：单生于阔叶林地上。

产地：官山国家级自然保护区，采集时间 2022 年 7 月 6 日，凭证标本：G042022070617。

分布：江西省，西藏自治区，贵州省，湖南省，湖北省，广东省，澳门特别行政区，香港特别行政区，四川省，安徽省，江苏省，吉林省，河北省，河南省，广西壮族自治区，海南省，云南省，北京市，甘肃省，陕西省，山东省，浙江省，内蒙古自治区，青海省，辽宁省，黑龙江省，山西省。

经济价值：食用菌，药用菌。

大孢硬皮马勃 *Scleroderma columnare*

参考文献

初华丽，2019. 海南和贵州木生大型真菌及相关真菌系统学研究 [D]. 海口：海南大学 .

邓春英，2012. 中国小皮伞属广义球盖组分类学研究 [D]. 广州：华南理工大学 .

邓树方，2017. 中国南方裸脚伞属分类暨小皮伞科真菌资源初步研究 [D]. 广州：华南农业大学 .

FAIZA M, 2020. 新型非特异性过氧化酶的鉴定，分类和展示 [D]. 广州：华南理工大学 .

范晖，涂惠，范崔生，2013. 江西珍稀草药：草木王来源及形态组织学研究 [J]. 中国民族民间医药，22（17）：15，17.

范琪，2021. 昆明地区广义虫草分类与系统发育初步研究 [D]. 昆明：云南大学 .

盖宇鹏，2018. 中国靴耳科分类及分子系统学研究 [D]. 长春：吉林农业大学 .

高山，2009. 基于 nLSU rDNA 和 ITS 序列对侧耳属系统发育关系的研究 [D]. 武汉：华中农业大学 .

葛彦宏，何建清，韩振，等，2023. 黏小奥德蘑生物学特性及驯化 [J]. 食用菌学报，30（4）：31–39.

管婉，2023. 香菇菌丝后熟转色的生理特征分析及应用 [D]. 连云港：江苏海洋大学 .

韩文静，2021. 粉褶菌属的分类学研究 [J]. 生物物理学，9（1）：29–33.

贺茂强，2018. 横断山地区蘑菇属 *Minores* 组的多基因系统发育研究 [D]. 昆明：西南林业大学 .

黄婷，2023. 海南岛鹅膏科物种资源研究 [D]. 昆明：昆明医科大学 .

李传华，章炉军，张美彦，等，2012. 野生拟粘小奥德蘑驯化和栽培研究 [J]. 食用菌学报，19（3）：45–48，107.

李闯，2017. 香菇栽培菌株重要农艺性状与分子标记的关联分析 [D]. 武汉：华中农业大学 .

李春如，左登平，南圣姬，等，2007. 高雄山虫草及其细脚拟青霉无性型 [J]. 菌物学报，26（2）：217–220，324.

李玉婷，2018. 中国盔孢伞属及绒盖伞属的分类与分子系统学研究 [D]. 长春：吉林农业大学 .

李跃进，2011. 车八岭国家级自然保护区大型真菌多样性研究 [D]. 长春：吉林农业大学 .

林俨，2022. 分离自蝉科昆虫病原真菌的物种多样性研究 [D]. 合肥：安徽农业大学 .

刘虹，董淑英，杨杰，等，2020. 山西毒蘑菇新记录种：窄孢陀胶盘菌和赭红拟口蘑 [J]. 山西农业科学，48（10）：1650–1652.

刘虹，2021. 基于 DNA-ITS 片段的山西 4 个斑褶菇属有毒物种鉴定 [J]. 山西农业科学，49（3）：338-341，345.

刘培贵，杨祝良，1992. 叶状耳盘菌：一种易与木耳相混淆的毒菌 [J]. 中国食用菌，11（1）：27.

刘旭东，2002. 中国野生大型真菌彩色图鉴 [M]. 北京：中国林业出版社 .

刘洋，2023. 中条山药用菌和毒菌的物种资源调查 [D]. 太原：山西农业大学 .

罗影，努尔孜亚·亚力买买提，贾文捷，等，2023. 新疆野生大环柄菇的分子鉴定与遗传多样性分析 [J]. 新疆农业科学，60（10）：2501–2508.
马海霞，2012. 中国炭角菌科几个属的分类与分子系统学研究 [D]. 长春：吉林农业大学.
马晶，2009. 菌生真菌形态学及分类学研究 [D]. 长春：吉林农业大学.
卯晓岚，2000. 中国大型真菌 [M]. 郑州：河南科学技术出版社.
孟灵思，胡佳君，马敖，等，2018. 野生大革耳的生物学特性及驯化栽培 [J]. 北方园艺（21）：165–168.
孟天晓，2008. 中国球盖菇属 [*Stropharia* (Fr.) Quélet] 和沿丝伞属 [*Naematoloma* P. Karsten] 真菌分类学研究 [D]. 长春：吉林农业大学.
牟曼，2022. 师宗县菌子山大型真菌物种多样性初步调查 [D]. 昆明：昆明医科大学.
木兰，2016. 白音敖包国家级自然保护区大型真菌资源调查兼中国蜡蘑属的分类学研究 [D]. 长春：吉林农业大学.
潘小艳，2022. 海南热带雨林国家公园尖峰岭片区大型真菌资源调查与评价 [D]. 海口：海南大学.
强婷婷，2023. 三江源主要林区大型真菌分类和分子系统发育研究 [D]. 西宁：青海大学.
邵力平，项存悌，1980. 中国大环柄菇（*Macrolepiota* spp.）的研究 [J]. 东北林学院学报（4）：35-38，126.
邵力平，项存悌，1997. 中国森林蘑菇 [M]. 哈尔滨：东北林业大学出版社.
申曼曼，2013. 湖南壶瓶山国家级自然保护区大型真菌资源调查 [D]. 长沙：湖南农业大学.
宋丹，2023. 广西金秀大瑶山河口保护站点药用大型真菌物种调查 [D]. 南宁：广西中医药大学.
苏阳，2022. 山东省塔山国家森林公园大型真菌资源调查 [D]. 济南：山东中医药大学.
汪士政，刘祝祥，张明，等，2023. 采自新疆的一个毛皮伞属（*Crinipellis*）中国新记录种 [J]. 东北林业大学学报，51（4）：129–132.
王多，2013. 杨东山十二度水保护区大型真菌多样性研究 [D]. 雅安：四川农业大学.
王锋尖，2020. 鄂西地区大型真菌多样性研究 [D]. 长春：吉林农业大学.
王朦，2021. 竹屑添加对香菇生育的影响及其生产应用研究 [D]. 杭州：浙江农林大学.
王苗，2017. 中国多洼马鞍菌（*Helvella lacunosa*）复合群物种多样性研究 [D]. 昆明：昆明理工大学.
王腾云，王静怡，孟俊龙，等，2023. 马鞍菌属 3 个中国新记录 [J]. 微生物学通报，50（8）：3372–3381.
魏铁铮，姚一建，2009. 中国靴耳属分类研究概况 [J]. 菌物研究，7（1）：52–58，62.
吴春蕾，黄信有，张芝平，等，2021. 奥米粉褶蕈中毒事件调查分析 [J]. 中国食品卫生杂志，33（1）：114–117.
吴薇，2016. 仙翁山国家森林公园真菌资源调查及高产漆酶菌株筛选 [D]. 牡丹江：牡丹江师范学院.
伍利强，2022. 深圳市大型真菌多样性研究 [D]. 吉首：吉首大学.
辛琪，2022. 望天鹅自然保护区大型真菌资源调查及多样性研究 [D]. 长春：吉林农业大学.
杨双双，2023. 高雄山虫草的生物学特性及驯化优化栽培研究 [D]. 上海：上海海洋大学.
杨思思，2015. 中国靴耳属的分类与分子系统学研究 [D]. 长春：吉林农业大学.
杨祝良，臧穆，1993. 我国西南小奥德蘑属的分类 [J]. 真菌学报，12（1）：16–27.
余天林，2021. 玉白顶自然保护区植物及大型真菌实用图鉴 [M]. 昆明：云南大学出版社.

袁明生，孙佩琼，1995. 四川蕈菌 [M]. 成都：四川科学技术出版社 .

赵有鹏，2022. 陕西省秦巴山大型真菌多样性研究 [D]. 长春：吉林农业大学 .

《浙江药用植物志》编写组，1980. 浙江药用植物志：上册 [M]. 杭州：浙江科学技术出版社 .

中国科学院青藏高原综合科学考察队，1996. 横断山区真菌 [M]. 北京：科学出版社 .

钟桂珍，2023. 江西官山自然保护区常绿阔叶林倒木与木腐真菌的分布特征 [D]. 南昌：江西农业大学 .

朱链，侯怡铃，白鑫，等，2022. 基于 ITS 序列对几株野生大型真菌的鉴定 [J]. 西华师范大学学报（自然科学版），43（3）：253–257.

朱明旗，2007. 秦岭多孔菌资源及区系地理成分研究 [D]. 杨凌：西北农林科技大学 .

朱学泰，2021. 甘肃太统崆峒山国家级自然保护区大型真菌图鉴 [M]. 兰州：甘肃科学技术出版社：157.

邹维秋，2022. 云南线虫草属物种分类与系统发育研究 [D]. 昆明：云南大学 .

LI J P，PAN M C, LI Y, et al., 2022. Morpho-molecular evidence reveals four novel species of *Gymnopus* (Agaricales, Omphalotaceae) from China [J]. Journal of Fungi, 8 (4): 398–414.

菌物中文名索引

菌物拉丁名索引

A

B

C

V

X